Bodenarbeit und Spiele

Egal ob klassisch, iberisch oder Western geritten – am Boden sind alle Pferde gleich. Die Übungen und Spiele in diesem Buch sind unabhängig von der Reitweise oder der Pferderasse. Vom Shetty bis zum Shire Horse profitiert jedes Pferd von Bodenarbeit.

Einige der vorgestellten Lektionen kommen aus der Horsemanship Arbeit, andere Übungen aus der klassischen Ausbildung oder aus dem Bereich der Zirkusarbeit. Gemeinsam ist allen, dass sie das Vertrauen zwischen Pferd und Mensch fördern und Abwechslung in den Alltag bringen.

▶ Unterschiede

Bodenarbeit baut Vertrauen auf und gibt dem Pferd die Sicherheit, dass sein Reiter ein guter Chef ist. Dabei reagiert aber jedes Pferd anders. Manche lernen schnell und brauchen ständig neue Herausforderungen. Andere sind eher vorsichtig und fühlen sich leicht überfordert.

Es ist daher wichtig, dass Sie Ihr Pferd und seine Reaktionen auf die Übungen genau beobachten und das Training individuell Ihrem Pferd anpassen.

▶ Schritt für Schritt

Die hier vorgestellten Übungen bauen aufeinander auf und sollten nach Möglichkeit auch in dieser Reihenfolge geübt werden. Es nützt nichts, in der Mitte anzufangen. Wenn die Basis nicht stimmt, können anspruchsvollere Übungen nicht funktionieren.

Denksportaufgaben

Bodenarbeit hat viele positive Effekte. Das Pferd wird schonend gymnastiziert, es entwickelt Muskeln und ein besseres Gefühl für seinen Körper. Beweglichkeit und Bewegungsabläufe werden verbessert. Manche Übungen sind die reinsten Denksportaufgaben. Daher beeinflusst Boden-

arbeit auch die Lernbereitschaft und die Motivation des Pferdes. Vieles, was am Boden gelernt ist, lässt sich später auch vom Sattel aus leichter abrufen.

Das Pferd achtet aufmerksamer auf die Signale des Menschen und lernt, sie besser zu deuten. Aber auch der Mensch lernt sein Pferd besser kennen, seine Stärken, Schwächen, Vorlieben und Abneigungen.

Vertrauen gewinnen

Behandeln Sie Ihr Pferd mit Respekt und bleiben Sie auch dann gelassen, wenn eine Übung nicht auf Anhieb klappt.
Achten Sie auf seine Körpersprache und beobachten Sie, wie Ihr Pferd in verschiedenen Situationen reagiert.

Wenn Sie angemessen darauf eingehen, lernt Ihr Pferd, dass es Ihnen vertrauen kann. Hat man sich das Vertrauen des Pferdes einmal erarbeitet, geht die Bodenarbeit viel besser von der Hand. Das Pferd arbeitet gerne und bereitwillig mit. Das gilt es unbedingt zu erhalten.

Miteinander

In diesem Buch sind Übungen und Spiele beschrieben, die ich selber mit meinen Pferden ausprobiert habe. Und ich gebe ehrlich zu: Manche Sachen klappen besser als andere, da stellen auch wir keine Ausnahme dar. Aber alles funktioniert. Wichtig ist, dass man sein Pferd nie überfordert. Fehlt die Konzentration, ist es möglicherweise besser, an einem anderen Tag weiterzuüben und nur einen gemeinsamen Spaziergang zu machen.
Hat man den Eindruck, dass das Pferd überfordert ist, ist es sinnvoller, einen Schritt zurückzugehen als verkrampft auf zu hohem Niveau weiterzuarbeiten. Nur so kann man sich das Vertrauen des Pferdes langfristig sichern und erhalten.
Vermenschlichen Sie Ihr Pferd aber nicht und achten Sie bei allem Vertrauen immer auf Ihre Sicherheit.

Körpersprache

Die Körpersprache des Pferdes zu erkennen und richtig zu interpretieren, ist das A und O bei der Bodenarbeit.

Wie reagiert mein Pferd, wenn ich ihm eine Anweisung gebe? Ist es aufmerksam, ängstlich oder desinteressiert? An welchen Signalen erkenne ich seinen Gemütszustand am besten?

Wenn man weiß, auf was man achten muss, kann man das Pferd richtig einschätzen und damit häufig auch Gefahrensituationen aus dem Weg gehen oder umsichtig klären.

Wo sind die Ohren meines Pferdes? Wo schaut es hin? Das sind ganz wichtige Aspekte. Ein Auge und ein Ohr des Pferdes sollte man immer auf sich gerichtet haben. So kann man sicher sein, das sich das Pferd auf die Übung konzentriert und nicht auf die Umgebung.

Wendet das Pferd den Kopf ab, kann man leicht am Führseil oder an der Longe zupfen, um seine Aufmerksamkeit wiederzuerlangen.

Wo muss ich selber stehen, wenn ich meinem Pferd ein Kommando gebe? Das hängt ganz davon ab was ich gerade machen möchte. Möchte ich die Vorhand bewegen oder die Hinterhand? Soll mein Pferd auf mich zukommen oder weichen? Möchte ich, dass es schneller geht oder soll es langsamer werden?

Die eigene Körpersprache ist enorm wichtig. Ein Pferd nimmt zum Beispiel unsere Blickrichtung wahr. Sie sollten also in die Richtung schauen, in die Sie gehen wollen oder das Körperteil des Pferdes fixieren, auf das Sie Einfluss nehmen möchten. Beim Longieren schaue ich dorthin, wohin mein Pferd laufen soll. Schauen Sie Ihrem Pferd aber nicht direkt in die Augen, das empfindet es vermutlich als Konfrontation.

Ausrüstung

Bodenarbeit erfordert nicht besonders viel an Equipment. Eine Halle ist nicht unbedingt nötig, ein Reitplatz oder eine eingezäunte, ebene Wiese eignen sich ebenso als Übungsgelände. Wichtig ist ein trittfester Untergrund. Bei der Auswahl des Materials kann man sehr flexibel sein. Stangen sind hilfreich, aber wer zum Beispiel keine Tonne hat, kann mit Strohballen arbeiten. Pylonen können durch stabile Eimer ersetzt werden. Beim Schrecktraining sind der Fantasie ohnehin kaum Grenzen gesetzt. Auch in der Durchführung sind alle Übungen und Spiele unkompliziert und leicht zu erlernen. Wichtig ist es, Schritt für Schritt vorzugehen.

Seil und Gerte

Für die Übungen benötigt man ein etwa drei bis vier Meter langes Seil, möglichst mit Karabinerhaken. Eine Longe ist (außer natürlich bei den Longierübungen) weniger geeignet, da sie zu lang ist.

Außerdem sollte man eine Gerte oder einen Stick zur Hand haben. Nimmt man eine Gerte, dann ist eine Dressurgerte am geeignetsten, da sie etwas länger ist. Die Sticks sind stabiler im Material, man muss sich allerdings an die Handhabung ein wenig gewöhnen.

Knotenhalfter

Prinzipiell kann man jedes Halfter benutzen, ideal ist ein Knotenhalfter. Es bringt die Bewegung des Seils ohne großen Aufwand direkt ans Pferd. Achten Sie aber darauf, dass das Knotenhalfter richtig sitzt! Bei meinen Pferden ist es inzwischen so, dass sie den Unterschied der Halfter kennen: Ein normales Halfter wird zum Anbinden und Putzen benutzt, das Knotenhalfter für die Arbeit.

Handschuhe

Jeder, dem schon einmal ein Seil beim Führen oder Longieren durch die Finger gerutscht ist, weiß, weshalb man bei der Bodenarbeit Handschuhe tragen sollte. Ein durchrutschender Strick verursacht unter Umständen sehr schmerzhafte Brandwunden an der Hand – darauf kann man gut und gerne verzichten! Das Material der Handschuhe spielt dabei keine Rolle, gute Qualität macht sich aber auf Dauer bezahlt.

Spielmaterial

Viele Dinge, die man im Stall hat, kann man für die Bodenarbeit benutzen: Strohballen, Eimer und Stangen, Plastiktüten, leere Dosen und Luftballons eignen sich. Mit ein wenig Fantasie kann man so aus alltäglichen Dingen Material für Spiele und Übungen zaubern.

Motivieren und lernen

Pferde zum Lernen zu motivieren ist eigentlich sehr einfach, besonders, wenn man sein Pferd gut kennt. Manche Pferde sind schon mit Zuwendung zufrieden und fühlen sich durch ein Lobwort (ein Wort, das Sie regelmäßig beim Loben benutzen) oder durch ausgiebiges Streicheln in ihrem Verhalten positiv bestärkt. Andere brauchen vielleicht noch ein Leckerli, damit sie wirklich begeistert mitmachen.

Leckerli

Eine effektive Methode, ein Pferd zu loben, sind natürlich Leckerlis. Möhren, Äpfel, und Pellets motivieren enorm! Sie haben aber den Nachteil, dass sie bei manchen Pferden schnell Gewichtsprobleme verursachen. Vorsichtig sollte man auch bei gierigen Pferden sein: Pferde, die nach dem Leckerli schnappen, werden besser durch Streicheln, mit einem Lobwort oder mit dem Clicker belohnt. Oder man legt ihnen das Leckerli auf den Boden.

Der Clicker

Ein Clicker ist ein kleines Gerät, das auf Knopfdruck – klickt. Einige kennen ihn vielleicht auch unter dem Namen Knallfrosch. Dieser Clicker wird schon seit Jahren erfolgreich beim Hundetraining eingesetzt und findet auch in der Pferdearbeit mittlerweile Verwendung. Mit dem Clicker kann man sein Pferd einfach und vor allem sehr schnell in genau der richtigen Sekunde loben, denn ein Klick ist immer schneller erzeugt als ein Stimmlaut.

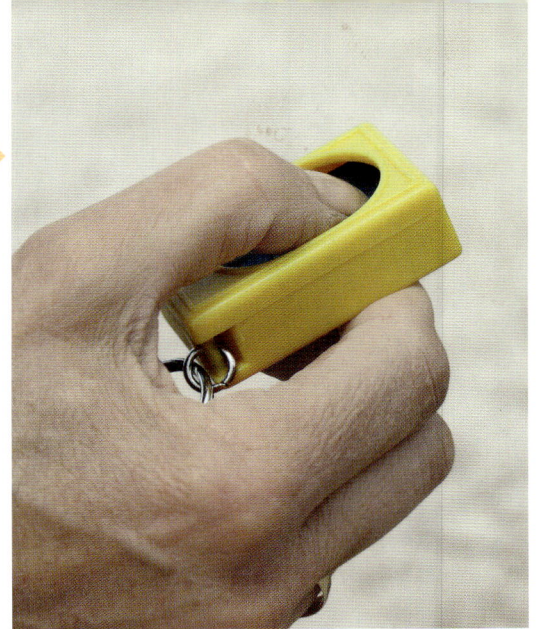

Loben auf Distanz

Die Wirkungsweise des Clickers ist im Prinzip recht einfach. Zunächst muss das Pferd lernen, was der Klick bedeutet. Also sucht man sich zum Einstieg eine Aufgabe, die das Pferd schon kennt, zum Beispiel Rückwärtsrichten. Für einen Schritt rückwärts (oder auch für mehrere) gibt es ein „Lobwort", zeitgleich einen Klick und vielleicht zusätzlich ein Leckerli. Wiederholt man dies nun einige Male, dann verknüpft das Pferd den Klick mit einer richtig ausgeführten Übung.

Der Clicker hat außerdem den Vorteil, dass man das Pferd auch auf eine gewisse Distanz loben kann. Das ist bei manchen Übungen, zum Beispiel beim Apportieren, sehr hilfreich.

Richtig üben

Üben will gelernt sein. Auch ein motiviertes Pferd verliert schnell die Lust, wenn es immer wieder dieselben Dinge machen soll oder wenn es womöglich gar nicht versteht, was man von ihm möchte. Es ist wichtig, dass jede Übung ihr verlässliches Signal hat.

Eher schwierig wird es auch, wenn die Herdenfreunde auf der Koppel nebenan stehen oder auf dem Übungsplatz ein ständiges Kommen und Gehen herrscht. Sorgen Sie für Ruhe. Nur so können Sie und Ihr Pferd sich konzentrieren.

Gelassenheit

Auch spielerische Übungen sollte man nie nach einem stressigen Arbeitstag „mal eben so probieren". Pferde haben ein gutes Gespür für Unruhe und Hektik. Je entspannter und gelassener man mit seinem Pferd umgeht, desto mehr Gelassenheit und Sicherheit vermittelt man.

Wichtig ist auch, nicht zu übertreiben. Bloß nicht jeden Tag das Gleiche wiederholen! Man kann ohne Weiteres ein paar Tage aussetzen. Bei Zirkuslektionen können auch mal ein oder zwei Wochen verstreichen, ehe man weiterübt. Wenn man gut gearbeitet hat, merken sich Pferde, was sie gelernt haben und alle Übungen sind schnell wieder abrufbar.

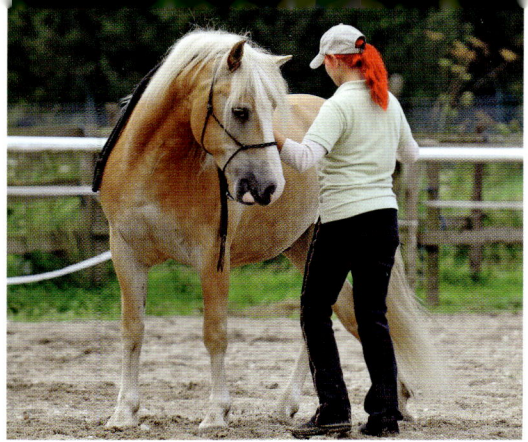

Nachdenken

Es reicht, wenn man eine Übung drei oder vier Mal ausprobiert, dann sollte man dem Pferd etwas Ruhe gönnen. Anschließend kann man es erneut versuchen.

Hören Sie immer mit einer gelungenen Übung auf, dann hat nicht nur Ihr Pferd ein gutes Gefühl.

Klartext

Fragen Sie Ihr Pferd nie: Könntest du vielleicht mal ein Stückchen zur Seite gehen? Sondern fordern Sie: Geh! Mach Platz – jetzt komme ich!

Pferde nehmen direkte Anweisungen sofort an. Ein vorsichtiges Anfragen ihrerseits wird aber mit Sicherheit ignoriert. Ihr Pferd muss Sie respektieren und Sie als ranghöher ansehen. Dann haben Sie im täglichen Umgang und auch beim Reiten weniger Probleme.

Reagiert Ihr Pferd auf eine Anweisung gar nicht oder anders, als gewünscht, hinterfragen Sie aber auch sich selbst: Haben Sie das Signal eindeutig gegeben? Ist das Pferd in der Lage, das Geforderte auszuführen?

Die Chef-Sache

Voraussetzung für eine gute, gemein-schaftliche Arbeit mit dem Pferd ist, dass man es überall anfassen und streicheln kann. Das erfordert Vertrauen. Es ist aber auch wichtig, dass geklärt ist, wer in der Mensch-Pferd-Beziehung der Chef ist.

Wenn man mit seinem Pferd arbeitet, sollte es konzentriert sein und sich nicht durch Kleinigkeiten ablenken lassen. Stellen Sie sicher, dass Sie die Aufmerksamkeit Ihres Pferdes haben. Und auch Sie selbst müssen bei der Sache sein!

Kleiner Test

Gehen Sie energisch auf Ihr Pferd zu, machen Sie sich groß und selbstbewusst, schauen Sie nach vorne und suchen Sie sich einen Punkt hinter Ihrem Pferd, auf den Sie zugehen wollen (das Pferd steht Ihnen dort im Weg).

WUSSTEN SIE?

▸ Wenn mindestens ein Auge oder Ohr Ihres Pferdes auf Sie gerichtet ist oder wenn es anfängt zu kauen, dann haben Sie die gewünschte Aufmerksamkeit Ihres Pferdes erreicht und es arbeitet mit.

Was macht Ihr Pferd? Weicht es, wenn Sie so zielstrebig auf es zukommen? Oder schaut es Sie nur an und bleibt stehen? Vielleicht zeigt es auch gar keine Reaktion und ignoriert Sie völlig?

In einer Herde hat stets das Alphatier das Sagen. Wenn das Alphatier ausgerechnet da fressen will, wo ein untergeordnetes Pferd steht, muss dieses Platz machen, sonst gibt es Ärger. Kein Alphatier fragt vorher höflich an. Ihnen sollte diese Position bei Ihrem Pferd sicher sein. Was ich damit sagen will, liegt auf der Hand: Sie sind der Chef, Ihr Pferd muss Ihnen Platz machen oder Ihnen folgen und nicht andersherum.

Alphatier?

Akzeptiert das Pferd Sie nicht als ranghöher, sollten Sie das klären. Befestigen Sie
ein langes Führseil am Halfter und gehen
Sie von der Seite auf Ihr Pferd zu. Schwingen Sie das Seilende weich im Kreis, als
hätten Sie einen Propeller in der Hand.
Weicht das Pferd nicht, wenn Sie näher
kommen, touchieren Sie es leicht mit
dem Seilende im Kruppen- oder Schulter-
bereich. Dies reicht meist schon aus, um
Ihnen Respekt und Platz zu verschaffen.
Lassen Sie dann das Seilende sofort hän-
gen. Loben! Probieren Sie diese Übung niemals frontal aus, sonst weicht Ihr Pferd
auch aus, wenn Sie es von der Weide holen.

Rangfolge geklärt

Auf diesem Bild lässt sich sehr gut erkennen, wer ranghöher ist. Shir Khan folgt
mir bedenkenlos und mit einer Selbst-
verständlichkeit, wie es in einer Herde der
Fall ist. So sollte es immer sein, wenn die
Beziehung zwischen Mensch und Pferd
stimmt.
Wichtig ist, dass Sie dieses Ziel ohne Agres-
sion erreichen. Kommen Sie nicht weiter
oder reagiert Ihr Pferd gar mit Drohverhal-
ten, brechen Sie das Training ab und holen
sich bei einem erfahrenen Trainer professionelle Hilfe.
Arbeiten Sie bei allen Übungen so, dass Sie
weder sich selbst noch das Pferd gefährden.

Basisübungen

Sie stehen mit Ihrem Pferd in der Halle oder auf dem Reitplatz: Bleibt es am langen Strick neben Ihnen stehen, ohne dass es herumzappelt oder sich auf und davon macht? Nein? Dann fehlt Ihnen noch das Vertrauen Ihres Pferdes und Ihrem Pferd vielleicht noch der letzte Schliff in der Grunderziehung. Daran arbeiten Sie am besten mit einigen einfachen Basisübungen. Verbringen Sie außerdem viel Zeit mit Ihrem Pferd, putzen Sie es, gehen Sie gemeinsam spazieren. So werden Sie miteinander vertrauter. Bleiben Sie selbst stets ruhig und gelassen.

◀ Berührung

Sie stellen Ihr Pferd in die Mitte des Reitplatzes und haben einen ca. drei bis vier Meter langen Strick an seinem Halfter befestigt (ideal wäre ein gut sitzendes Knotenhalfter). Versuchen Sie, Ihr Pferd mit dem Strick an Kopf, Hals, Rücken, Kruppe und unter dem Bauch zu streicheln. Ganz vorsichtig und mit viel Ruhe! Dann auch an allen vier Beinen und natürlich von beiden Seiten.

Beginnen Sie am Kopf und bewegen Sie den Strick langsam mit wenig Druck von den Nüstern aufwärts zur Stirn und weiter zu den Ohren. Ihr Pferd sollte dabei nicht weichen.

Gerade bei kopfscheuen Pferden ist dies eine sehr gute Übung, um Vertrauen aufzubauen und dem Pferd die Angst vor Dingen am Kopf zu nehmen. Allerdings braucht man bei diesen Pferden wesentlich mehr Zeit und Geduld!

Still halten

Bewegt sich Ihr Pferd, stellen Sie es wieder an die ursprüngliche Stelle zurück. Das ist wichtig! Sagen Sie „Steh", „Ho" oder ein anderes Wort, das Ihrem Pferd bekannt ist. Ziehen Sie nicht am Halfter, es soll schließlich keine Strafe sein, bei Ihnen zu stehen!

In aller Ruhe

Lassen Sie sich bei dieser Aufgabe Zeit. Ziel ist, dass Ihr Pferd Ihnen vertraut und Sie es überall anfassen können. Erst wenn Ihr Pferd ruhig und entspannt steht und es sich überall streicheln lässt, folgt der nächste Schritt. Fordern Sie nicht alles auf einmal! Diese Übung können Sie vor dem Longieren oder auch vor dem Reiten mit Ihrem Pferd machen. Achten Sie auf die Reaktionen Ihres Pferdes. Ist es verspannt? Vielleicht ist es kitzelig oder lässt sich besonders gerne an einer bestimmten Stelle streicheln?
Ein Pferd, das gelernt hat, still zu stehen, ist angenehm und sicher im täglichen Umgang.

Ohne Halfter und Strick

Stellen Sie Ihr Pferd auf einen umzäunten Platz und nehmen Sie ihm das Halfter ab. Es steht völlig ruhig und entspannt da, während Sie es überall streicheln. Perfekt, oder? Dafür ist aber ein wenig Übung notwendig. Es ist wichtig, Schritt für Schritt vorzugehen und nicht voreilig ohne Halfter und Strick zu arbeiten. Denn es dauert viel länger, Misserfolge später zu korrigieren. Also: Geduld!

Steh!

Zunächst behält das Pferd das Halfter an. Legen Sie den Strick auf den Boden. Falls es doch weggehen will, treten Sie schnell mit dem Fuß auf den Strick, um es daran zu hindern. Dann gehen Sie wie im vorherigen Kapitel vor und versuchen, das Pferd vom Kopf bis zur Kruppe zu streicheln, ohne dass Sie es dabei festhalten.

Geduld

Bleibt Ihr Pferd ruhig und gelassen stehen, dann nehmen Sie das Halfter ab und befestigen es um den Hals des Pferdes. So haben Sie weiterhin die Kontrolle, falls Ihr Pferd weggehen möchte. Wenn Ihr Pferd auch hier brav stehen bleibt, können Sie den letzten Schritt riskieren und Halfter und Strick ganz abnehmen.

Natürlich passiert es immer wieder mal, dass Ihr Pferd einfach davonläuft: Bestrafen Sie es niemals dafür! Holen Sie Ihr Pferd ruhig zurück, stellen Sie es an seinen alten Platz und beginnen Sie geduldig von vorne. Seien Sie aber konsequent und lassen Sie es nicht einfach nach Lust und Laune weglaufen.

Solche Übungen sollten nur ausprobiert werden, wenn man alleine auf dem Platz ist. Das Pferd ist nicht abgelenkt und andere Reiter werden nicht bei der Arbeit gestört oder gefährdet.

WUSSTEN SIE?

▶ Lob motiviert und bestärkt Ihr Pferd! Belohnen Sie daher jeden kleinen Fortschritt! Suchen Sie sich ein Lobwort. Bei meinen Pferden benutze ich das spanische Wort „bien", was „gut" bedeutet. Das ist ein Wort, das man nicht böse oder hart sagen kann, es klingt weich und ruhig. Finden Sie ein solches Wort für Ihr Pferd.

Lob ist aber auch, das Pferd nach getaner Arbeit zu seinen Kumpanen auf die Koppel zu entlassen.

Kleines Schrecktraining

Aus Pferdesicht potentiell gefährliche Dinge lauern an jeder Ecke: Ein blühender Busch, ein Holzstapel, ein umgestürzter Baumstamm oder Rehe und Kaninchen an der Wegstrecke erschrecken Pferde häufig. Selbst in einer Pfütze könnten Krokodile lauern ...

Um diese Situationen erfolgreich zu meistern, kann man sich und sein Pferd mit einem sogenannten Schrecktraining vorbereiten. Dabei wird das Pferd behutsam an ungewöhnliche Dinge gewöhnt und es lernt, nicht blindlings seinem Fluchtinstinkt zu folgen.

◀ Instinktgesteuert

Pferde sind Fluchttiere – das darf man nie vergessen. Es entspricht ihrer Natur, bei Gefahr davonzustürmen, um ihr Leben zu retten.

Diese Instinkte sind bei unseren domestizierten Pferde auch heute noch verankert. Einige Pferdetypen reagieren bei Gefahr relativ gelassen und sind eher neugierig als schreckhaft. Andere machen ohne lange zu zögern auf dem Absatz kehrt und galoppieren davon.

Ich habe mir im Laufe der Jahre angewöhnt, vorausschauend auf alles zu achten, was Panik auslösen könnte. Wenn ein Pferd etwas sieht, was ihm gefährlich erscheint, dann hebt es den Kopf, nimmt die Ohren nach vorne und spannt den Rücken an. Alle Muskeln sind innerhalb von Sekunden auf Flucht eingestellt! Das ganze Pferd erscheint kürzer und höher.

Signale erkennen

Stellen Sie sich vor, Sie sind mit Ihrem Pferd im Gelände unterwegs und es erkennt eine Gefahr. Möglicherweise bleibt es abrupt stehen oder macht plötzlich kehrt und stürmt davon. Wenn Sie die Signale rechtzeitig bemerkt haben, dann sitzen Sie jetzt nicht zwischen den Ohren Ihres Pferdes!

WUSSTEN SIE?

▸ Pferde haben einen anderen Blickwinkel als Menschen. Achten Sie deshalb darauf, dass Ihr Pferd die vermeintlich gefährlichen Dinge gut betrachten kann. Es darf ruhig einige Schritte rückwärts machen, aber nicht den Kopf wegdrehen oder seitwärts gehen, denn spätestens dann haben Sie Ihr Pferd nicht mehr unter Kontrolle.

Training am Boden

Auge in Auge mit der Gefahr: Das kann man auf einem sicher eingezäunten Platz üben. Das Pferd lernt, nicht gleich wegzulaufen. Der Reiter lernt, angemessen zu reagieren und entwickelt ein Gespür für das Verhalten seines Pferdes.

Hat Ihr Pferd eine Gefahr entdeckt? Dann versuchen Sie langsam und mit viel Geduld auf die Gefahr zuzugehen. Lassen Sie Ihr Pferd den Gegenstand betrachten, seien Sie selbstsicher und ruhig. Weicht es zurück, hindern Sie es nicht, durch Gegenzug daran, sondern versuchen Sie eine erneute Annäherung. Vielleicht lässt das Pferd dann langsam den Kopf sinken und schnuppert an der Gefahr. Entspannt es sich, haben sie wieder eine Hürde gemeinsam genommen.

Achtung Luftballons

Ein Pferd, das Vertrauen zu seinem Reiter hat und gelernt hat, nicht blind seinem Instinkt zu folgen, ist im Umgang wesentlich sicherer. Es schaut sich auch vermeintlich gefährliche Dinge erst einmal (wenn auch vorsichtig) an und springt nicht gleich zur Seite oder flieht kopflos.

Es kann abwarten, was man von ihm möchte. Streichelübungen tragen zu einem solch ruhigen und gelassenen Pferd bei. Es ist gut, sie regelmäßig zu wiederholen. Um die Schrecksicherheit zu erhöhen, kann man zum Beispiel als Variation mit kleinen, bunten Luftballons arbeiten.

◄ Unbekanntes Flugobjekt

Blasen Sie ein paar bunte Luftballons auf und versuchen Sie, Ihr Pferd damit zu streicheln. Seien Sie geduldig und überstürzen Sie nichts. Beginnen Sie auch hier wieder am Pferdekopf. Es ist wichtig, nicht wild wedelnd mit den Luftballons auf das Pferd zuzugehen. Im Gegenteil: Nähern Sie sich langsam von vorne.

◄ Langsam steigern

Lassen Sie das Pferd die Luftballons anschauen und daran schnuppern. Dann bewegen Sie sie ein wenig hin und her. Erschrickt das Pferd nicht, streicheln Sie es langsam mit den Ballons, über die Nase bis hin zu den Ohren. Auch am Hals, an Brust, Bauch, Rücken, Kruppe und an allen vier Beinen wandern die Luftballons entlang. Probieren Sie aus, wo Ihr Pferd die Berührung am ehesten toleriert.

Konsequenz und Ruhe

Arbeiten Sie auch bei dieser Übung von beiden Seiten und von vorne nach hinten. Loben Sie das Pferd ausgiebig.
Wenn Ihr Pferd den Luftballons ausweicht, stellen Sie es an seinen Platz zurück und beginnen von vorne. Ihr Pferd soll merken, dass die Ballons nicht gefährlich sind und

es Ihnen vertrauen kann, egal was Sie in der Hand halten. Beruhigen Sie es mit Worten, auch ein Leckerli trägt zur Entspannung bei. Achten Sie aber immer auf Ihre eigene Sicherheit.
Diese Übungen erfordern Ruhe, Gelassenheit und die nötige Konsequenz, nur so sind sie sinnvoll.
Wenn Sie Ihr Pferd sogar ohne Halfter überall mit den Luftballons berühren können, ohne dass es sich von der Stelle bewegt, ist diese Übung perfekt. Bei manchen Pferden funktioniert dies sehr schnell, andere brauchen mehr Zeit. Seien Sie geduldig und überstürzen Sie nichts!
Man kann das Pferd natürlich nicht an jede Gefahrensituation gewöhnen, aber man kann durch die unterschiedlichsten Varianten eines Schrecktrainings viele Situationen dem Pferd als selbstverständlich näherbringen. Das Pferd wird insgesamt gelassener und selbstbewusster.

WUSSTEN SIE?

▶ Diese Übungen kann man weiter variieren, zum Beispiel mit einer Plastiktüte. Als Steigerung kann man auch ein paar leere Dosen in die Tüte füllen. Je mehr Varianten Ihnen einfallen, desto sicherer wird Ihr Pferd mit unbekannten Dingen umgehen.

Das Flatterband

An Baustellen, Einzäunungen und Absperrungen trifft man immer wieder auf Flatterbänder.

Daher ist es gut, wenn das Pferd darauf vorbereitet wird. Das geht einfach und effektiv, indem man ein Flatterband an eine Gerte bindet. Hierzu kann man eine stabile Plastiktüte in Streifen schneiden und festknoten.

Je mehr Ideen Sie haben und je öfter Sie diese ausprobieren, desto schrecksicherer wird das Pferd. Seien Sie also kreativ!

Alt und doch neu

Nehmen Sie einen Stick oder eine Gerte und binden Sie an das Ende drei oder vier Streifen Flatterband. Die Bänder sollten ungefähr einen halben Meter lang sein. Im Prinzip ist diese Übung natürlich ähnlich wie die Übung mit den Luftballons.

Für das Pferd erscheint sie aber ganz neu, da sich Flatterbänder anders bewegen als Luftballons und auch andere Geräusche erzeugen.

Gehen Sie nach der bekannten Methode vor: Lassen Sie Ihr Pferd an dem Flatterband schnuppern und bewegen Sie das Stöckchen dabei ein bisschen hin und her.

Kitzelt es?

Streicheln Sie das Pferd langsam mit dem Flatterstöckchen vom Kopf über Hals, Brust, Bauch und Rücken. Dann wechseln Sie die Seite. Es ist durchaus möglich, dass Ihr Pferd nun aufs Neue erschrickt, da sich der Blickwinkel verändert hat.

Die Steigerung

Wenn sich Ihr Pferd mit dem Flatterstöckchen streicheln lässt, probieren Sie doch mal Folgendes aus: Lassen Sie das Stöckchen mit dem Flatterband über Ihrem und dem Kopf Ihres Pferdes kreisen – erst langsam, dann immer schneller.

Varianten

Stellen Sie sich mit Strick und Halfter ca. einen Meter vor Ihr Pferd. Wedeln Sie mit dem Flatterstöckchen so von rechts nach links, dass Sie jedes Mal mit dem Stock den Boden berühren. Vielleicht fallen Ihnen noch mehr Variationen ein. Wechseln Sie auch ruhig einmal den Übungsplatz. Dass dieses Spielchen Duke Spaß macht, kann man auf den Fotos gut erkennen. Er hat keine Angst, macht einen entspannten Eindruck und zum Abschluss der Übung erwartet ihn natürlich eine motivierende Belohnung!

Vorwärts und rückwärts

Bei den folgenden Übungen kommt es darauf an, dass Sie Ihr Pferd gezielt direkt und indirekt bewegen können.

Klingt kompliziert? Es ist aber für den täglichen Umgang wichtig. Denn dann können Sie Ihr Pferd kontrolliert in eine bestimmte Richtung schicken. Das Pferd lernt, sich koordiniert nach Ihren Wünschen zu bewegen und entwickelt ein besseres Körpergefühl .

Alle Übungen werden zunächst wieder mit Halfter und Seil geübt. Beherrschen Sie beide die Übung, können Sie sich steigern, indem die Signale auf Handzeichen reduziert werden.

Selbstvertrauen

Schenkel weichen, Vorhandwendung, Rückwärts richten – diese Übungen sind den meisten Reitern aus dem Reitunterricht vertraut. Der Reiter muss sehr exakte und auch komplexe Hilfen geben. Das Pferd sollte wissen, wie es seine Beine setzen muss und im Gleichgewicht bleibt.

Warum soll man nicht die Chance nutzen, und das Ganze erst einmal vom Boden aus probieren? Dann weiß zumindest das Pferd, wo es langgeht...

Übungen, die am Boden klappen, sind bereits positiv verankert. Das Selbstvertrauen des Pferdes wird gestärkt, der Reiter lernt, seine Bewegungen besser zu koordinieren und auf die Reaktionen des Pferdes abgestimmte Hilfen einzusetzen. Kann ich am Boden Vor- und Hinterhand kontrollieren, fällt es später beim Reiten auch nicht mehr so schwer. Das ist eine gute Grundlage für ein harmonisches Training. Beginnen Sie bei allen Übungen mit geringen Reizen und erhöhen Sie die Intensität der Signale nur, wenn Ihr Pferd keine Reaktion zeigt. Prüfen Sie auch, ob das Signal korrekt ist und Ihr Pferd versteht, was Sie von ihm wollen. Ist es in der Lage, die Übung auszuführen?

Bewegungskontrolle

Wenn Sie die Übungen öfter wiederholen, wird Ihr Pferd lernen, dass das (unangenehme) Signal verschwindet, wenn es darauf in gewünschter Weise reagiert. Das ist eine für das Pferd sofort nachvollziehbare Belohnung, die seine Motivation und seine Kooperationsbereitschaft steigert.

Legen Sie auch bei diesen Übungen immer wieder Pausen ein. Lassen Sie das Pferd ein oder zwei Minuten in aller Ruhe stehen. So können Pferde die neuen Anforderungen am besten verarbeiten. Nach dieser kleinen Verschnaufpause üben Sie noch zwei- oder dreimal weiter.

Es ist wichtig, dass das Pferd lernt, sich kontrolliert zu bewegen. Bei der Stangenarbeit werden wir das später bis zur Kontrolle jedes einzelnen Schrittes steigern. Die Körperkoordination des Pferdes wird durch diese Übungen enorm geschult. Es entwickelt ein Gefühl dafür, wie es sich in der Balance bewegen kann.

Rückwärtsrichten

Rückwärtsrichten ist in der Reiterei meist eine disziplinarische Übung und auch bei der Bodenarbeit ist das Weichen wichtig. Pferde weichen nur vor ranghöheren Tieren und als Besitzer sollte man immer das ranghöchste „Tier" sein. Das Pferd wird lernen, dass es angenehmer ist, dem Druck zu weichen, und es wird feststellen dass es für gute Zusammenarbeit eine Ruhepause bekommt.

Nach hinten

Stellen Sie sich vor Ihr Pferd, legen Sie Ihre Hand auf den Nasenrücken Ihres Pferdes und versuchen Sie nun, es durch Impulse nach hinten zu bewegen. Geben Sie ein Stimmsignal wie zum Beispiel „zurück". Bewegt sich Ihr Pferd nicht, können Sie es zusätzlich noch mit einer Gerte auf die Brust tippen.

Sobald Ihr Pferd auch nur den Ansatz macht, rückwärts zu gehen (oder schon einen ersten Schritt zurück macht), muss der Druck sofort aufhören. Loben! Es genügt vollkommen, wenn bei den ersten Versuchen ein oder zwei Schritte geschafft werden. Wenn Sie dies öfter wiederholen, wird jedes Mal ein Schritt dazukommen, bis Sie in der Lage sind, das Pferd über eine längere Strecke rückwärts zu richten.

Wegschicken mit dem Seil

Ziel dieser Übung ist, dass Ihr Pferd so lange rückwärts geht, bis Sie das Rückwärtsrichten beenden.

Sie stehen mit mindestens einer Armlänge Abstand vor Ihrem Pferd. Halten Sie den Strick am Ende fest. Nun strecken Sie Ihren rechten Arm aus, heben den Zeigefinger und schütteln ganz leicht mit dem Seil, sodass Ihr Pferd die Bewegung am Halfter spürt. Zu Anfang werden Sie vermutlich etwas heftiger schütteln müssen.

Dieses Hin- und Herschwingen des Seils wird Ihrem Pferd mit der Zeit unangenehm, deshalb wird es weichen. Also hören Sie sofort auf, das Seil zu schwingen, wenn Ihr Pferd sich bewegt!

Handzeichen

Probieren Sie es ein weiteres Mal. Für den Anfang reicht es, wenn das Pferd ein oder zwei Schritte rückwärts weicht. Aufhören, loben, einen Moment warten und erneut beginnen.

Wenn Sie sich und Ihrem Pferd Zeit lassen und diese Übung öfter wiederholen, dann reicht später bereits ein leichtes Wackeln mit dem Zeigefinger aus und Ihr Pferd geht rückwärts. Das ist doch sicher eine Möhre oder einen Apfel für Ihr Pferd wert, oder?

Man kann Pferde auf unterschiedliche Handzeichen trainieren. Einige Handzeichen übernimmt man für die Zirkuslektionen und Tricks . So genügt, ebenso wie bei der Kommunikation der Pferde untereinander, die Körpersprache.

Vorhand bewegen

Man sollte sein Pferd problemlos vorwärts und rückwärts schicken, aber auch die Vor- und die Hinterhand separat bewegen können. Denn was man am Boden unter Kontrolle hat, das klappt später auch vom Sattel aus!

Die Vorhand gibt die Bewegungsrichtung des Pferdes vor: rechts, links, geradeaus. Um sie zu kontrollieren, muss man auf die Schulter des Pferdes einwirken. Dies lässt sich zum Beispiel bei Wendungen sehr gut üben.

Wendung

Bei dieser Übung stehen Sie auf Schulterhöhe neben Ihrem Pferd. Nun legen Sie eine Hand an die Schulter des Pferdes und geben hier und am Führseil mit langsam steigendem Druck Impulse. Ich arbeite hier bereits ohne Halfter und gebe mit der Hand an der Ganasche Impulse. Gehen Sie in einem kleinen Kreis um Ihr Pferd herum. Ihre andere Hand bleibt auf der Schulter Ihres Pferdes liegen. Das Pferd sollte sich mit Ihnen drehen. Achten Sie darauf, dass es Sie nicht rempelt.

Im Kreis

Wenn Ihr Pferd einen großen Kreis läuft, ist das nicht schlimm. Zu Anfang genügt es, wenn es dem Druck mit der Vorhand weicht und nur ein oder zwei Schritte seitwärts macht. Dann ist es wichtig, sofort den Druck wegzunehmen. Streicheln und loben Sie Ihr Pferd. Dann beginnen Sie erneut. Manche Pferde brauchen bei dieser Übung etwas Zeit.

Wenn man dieses Weichen der Vorhand regelmäßig übt, werden die Kreise allmählich kleiner, bis Ihr Pferd schließlich auf engem Raum wendet und dabei die Vorderbeine rhythmisch überkreuzt.

Perfekt: ohne Halfter

Hat das Pferd einmal verstanden, worum es geht, ist auch diese Übung ohne Halfter und Strick kein Problem mehr. Ihre Position und die Ihrer Hände ist immer gleich, egal ob Sie mit oder ohne Halfter üben.

Hinterhand bewegen

Wenn man die Vorhand unter Kontrolle hat, dann übt man weiter mit der Hinterhand.

Die Hinterhand ist quasi der „Motor" des Pferdes, hieraus entwickelt sich die Schubkraft, die direkten Einfluss auf die Vorwärtsbewegung hat. Wenn man die Hinterhand am Boden kontrollieren kann, kann man später auch vom Sattel aus auf sie einwirken. Damit lässt sich so manche Lektion (wie zum Beispiel eine Hinterhandwendung) leichter reiten.

Die richtige Position

Die Kontrolle der Hinterhand funktioniert ähnlich wie die der Vorhand. Auch bei dieser Übung sollten Sie Schritt für Schritt vorgehen. Stellen Sie sich in Bauchhöhe des Pferdes und nehmen Sie den Strick so weit an, dass Ihr Pferd den Kopf zu Ihnen dreht. Aus dieser Position heraus macht Ihr Pferd den ersten Schritt vermutlich in Ihre Richtung. Am besten legen Sie die Hand mit dem Strick auf den Widerrist. Die andere Hand legen Sie auf die Flanke des Pferdes und geben dort kurze, klare Druckimpulse.

Hinterhandwendung

Sobald das Pferd mit der Hinterhand einen Schritt weicht, stoppen Sie die Impulse. Streicheln Sie Ihr Pferd zur Belohnung an der Flanke.

Weicht Ihr Pferd nicht, dann erhöhen Sie die Intensität des Druckes. Es macht nichts, wenn Ihr Pferd erst einen großen Kreis zieht. Wiederholen Sie die Übung aber in den nächsten Tagen, bis sie wirklich gut klappt.

Im optimalen Fall sieht die Hinterhandwendung so aus, dass sich das Pferd auf dem inneren Vorderfuss dreht. Die Hinterbeine kreuzen flüssig.

Spaßfaktor

Die Bodenarbeit kann als Ausgleich, aber auch als unerlässliche Ergänzung zur reiterlichen Arbeit gesehen werden. Ich möchte es daher noch einmal wiederholen: Überfordern Sie sich und Ihr Pferd nicht, lassen Sie sich Zeit und loben Sie es für jeden kleinen Fortschritt. Planen Sie keine zu langen Trainingszeiten ein.

Wenn eine Übung von beiden Seiten gut funktioniert, können Sie es wieder ohne Halfter versuchen. Aber bitte nicht früher! Die ganze Arbeit soll ohne Stress und Zeitdruck ablaufen und sowohl Ihnen als auch Ihrem Pferd Spaß machen.

Seitwärts bewegen

Weicht Ihr Pferd auch seitwärts? Probieren Sie es aus.

Um Ihr Pferd seitwärts zu bewegen, gehen Sie nach demselben Schema vor wie beim Rückwärtsrichten. Die Übung ist meist einfacher, wenn Sie sich mit Ihrem Pferd an einen Zaun (natürlich ohne Stromführung!) oder an die Reitplatzbande stellen, und zwar so, dass Ihr Pferd mit dem Kopf zur Begrenzung steht. Sie selbst stehen kurz hinter der Schulter in Höhe der Sattelgurtlage.

Seitwärts an der Bande

Wenn Sie auf der linken Seite des Pferdes stehen, dann legen Sie Ihre linke Hand, in der Sie den Strick halten, an die Schulter und die rechte Hand an die Flanke. Nun schauen Sie über den Pferderücken in die Richtung, in die Sie Ihr Pferd seitwärts richten wollen. Gehen Sie auf Ihr Pferd zu und geben Sie ihm mit der linken und rechten Hand gleichzeitig leichte Druckimpulse. Sehen Sie nicht Ihr Pferd an, sondern blicken Sie in die Richtung, in die Sie gehen wollen! Sobald Ihr Pferd einen kleinen Schritt zur Seite macht, halten Sie an, streicheln und loben es. Warten Sie noch einen Moment und beginnen Sie von Neuem mit der Übung.

Ausweichen nicht erlaubt

Weicht Ihr Pferd mit der Flanke zu sehr aus, dann sollten Sie sofort die Druckimpulse an der Schulter erhöhen, damit Ihr Pferd wieder in sich gerade gerichtet ist. Kommt Ihnen Ihr Pferd mit dem Kopf oder der Schulter zu sehr entgegen, müssen Sie auch hier den Druck erhöhen, damit es weicht. So kann man die Stellung des Pferdes am Zaun oder an der Bande variieren und sein Pferd in jede gewünschte Seitwärtsposition bringen.

Seitwärts auf Distanz

Sobald Ihr Pferd die Übung gut beherrscht, können Sie versuchen, aus einer größeren Distanz zu arbeiten.

Aus einiger Entfernung mit dem Pferd zu kommunizieren und ihm feine Signale zu übermitteln, ist schon eine sehr fortgeschrittene und schwierige Übung, da man keinen direkten Einfluss auf sein Pferd hat und nicht so schnell eingreifen kann, wenn die Übung vielleicht doch nicht so gut funktioniert.

WUSSTEN SIE?

Biegen und Stellen gymnastiziert das Pferd auch am Boden. Es ist wichtig, beide Seiten gleichmäßig zu trainieren, auch wenn das Pferd eine Seite bevorzugt.

Für Fortgeschrittene

Wenn die vorherigen Übungen auf beiden Seiten und aus der Distanz gut klappen, dann könnten Sie versuchen, Halfter und Seil abzunehmen und die Seitwärtsbewegung am Zaun „frei" zu üben. Die Arbeit auf Distanz erfordert von Ihrem Pferd sehr viel Vertrauen und Akzeptanz. Deshalb sollten Sie diese Übung niemals zu lange machen und jeden kleinen Schritt zum Beispiel mit ein paar Minuten Pause oder einer ausgiebigen Streicheleinheit ausreichend belohnen.

Der Blindenstock

Nehmen Sie das Halfter ab und stellen Sie Ihr Pferd mit dem Gesicht zu Zaun oder Bande. Stellen Sie sich seitlich neben das Pferd. In der rechten Hand halten Sie die Gerte bzw. den Stick und tippen damit so auf den Boden, als würden Sie einen Blindenstock führen: Immer wechselseitig links-rechts-links-rechts. Wenn Sie auf der linken Seite Ihres Pferdes stehen, dann tippen Sie links in Schulterhöhe, anschließend rechts in Flankenhöhe auf den Boden. Dabei gehen Sie langsam auf Ihr Pferd zu. Sie selbst befinden sich in der Mitte, also etwa in Bauchhöhe Ihres Pferdes.

Kontrolle

Bei dieser Übung sollte Ihr Pferd zur Seite ausweichen. Achten Sie bitte darauf, dass Ihr Pferd weder zu Ihnen kommt noch die Vor- oder Hinterhand dreht, sondern wirklich einen Schritt zur Seite macht.

Setzen Sie den Stick ein: Falls Ihr Pferd zu Ihnen kommen will, tippen Sie vermehrt mit dem Stick auf Schulterhöhe des Pferdes auf den Boden. So halten Sie es wirkungsvoll auf Abstand.

Beginnen Sie dann in aller Ruhe wieder von vorne und beobachten Sie, ob Ihr Pferd versteht, was Sie von ihm wollen.

Und loben!

Sobald Ihr Pferd einen Schritt zur Seite gemacht hat, halten Sie an und loben es! Lassen Sie es wieder einen Moment nachdenken und probieren Sie es erneut.

Das wiederholen Sie so lange, bis Sie problemlos drei oder vier Schritte auf Ihr Pferd mit dem „Blindenstock" zugehen können und es mit flüssigen Tritten seitlich ausweicht.

Im optimalen Fall tritt Ihr Pferd mit den Beinen seitwärts über und hat den Kopf leicht zu Ihnen gedreht, um auf Ihre Kommandos zu achten.

Stangenarbeit

Jetzt, wo Sie Ihr Pferd aus der Distanz rückwärts schicken können, es seitwärts weicht und auf Ihre Signale achtet, wird es Zeit für neue Aufgaben. Vorwärts-, Rückwärts- und Seitwärtsbewegungen mit und ohne Halfter können Sie mit der Arbeit über Stangen kombinieren.

Die Stangenarbeit fördert die Konzentration, aber auch das Körperbewusstsein des Pferdes. Es muss einerseits auf die Signale des Menschen reagieren und andererseits auf die Stangen achten. Es muss seine Beine gezielt setzen und aufpassen, wo es hintritt.

Komm

Legen Sie eine Stange auf den Boden und gehen Sie mit Ihrem Pferd am Strick über diese Stange. Achten Sie darauf, dass Ihr Pferd nicht hinter Ihnen her trödelt, sondern aufmerksam ist und seine Beine gut anhebt. Diese Vorübung sollte problemlos funktionieren.

Gut

Dann lassen Sie Ihr Pferd vor der Stange stehen, gehen einige Schritte zurück und locken es mit einer Handbewegung und einem Stimmkommando zu Ihnen. Es soll mit allen vier Hufen über die Stange gehen und zu Ihnen kommen. Klappt dies, dann eine kurze Pause einlegen und loben.

Rückwärts richten mit einer Stange

Versuchen Sie, die Beine Ihres Pferdes auch in der Rückwärtsbewegung zu kontrollieren. Probieren Sie jeden Huf einzeln, mit kleinen Pausen dazwischen, rückwärts über die Stange zu dirigieren.

Bitte berücksichtigen Sie aber, dass dies schon eine sehr fortgeschrittene Aufgabe ist. Es erfordert Geduld und Feingefühl, damit sich das Pferd nicht überfordert fühlt und hektisch reagiert.

Meist ticken die Pferde zunächst mit dem Hinterhuf an die Stange und treten dann erst über. Dies kann zu Beginn toleriert werden. Mit zunehmender Übung wird das Übertreten immer sicherer und zügiger erfolgen.

Stopp

Nun können Sie versuchen, alle vier Hufe bzw. Beine Ihres Pferdes einzeln zu kontrollieren. Lassen Sie das Pferd zunächst mit nur einem Bein über die Stange treten – stehen bleiben, warten – dann das zweite, dritte und vierte Bein. Als Stoppsignal benutzen Sie eine erhobene Hand – darauf reagieren Pferde sehr gut.

Diese Übung wird sicherlich nicht auf Anhieb perfekt funktionieren. Kommt Ihr Pferd zu schnell auf Sie zu, schicken Sie es gelassen an seine ursprüngliche Stelle zurück und fordern es erneut auf, nur einen Schritt über die Stange zu machen. Macht Ihr Pferd mit einem Vorderbein einen Schritt über die Stange, dann halten Sie es an, loben es und gönnen ihm einen Moment Ruhe. So bewältigen Pferde die „Denkarbeit" besser. Dann folgen Schritt für Schritt die anderen Beine.

Stangenvariationen

Pferde mögen Abwechslung und neue Aufgaben. Man kann mit einer, zwei oder mehreren Stangen arbeiten. Die Stangen können hintereinander, in U- oder in L-Form aufgebaut werden. Probieren Sie aus, was funktioniert und Spaß macht. Hier kommen noch mehr Anregungen zum Thema Stangenarbeit.

Bei den folgenden Übungen kommt es darauf an, dass Ihr Pferd konzentriert über die Stangen tritt und diese nicht berührt. Sie müssen darauf achten, dass Ihr Pferd immer in sich gerade gerichtet vorwärts, rückwärts oder seitwärts geht. Tritt Ihr Pferd gegen die Stange, holen Sie es zu sich und beginnen von vorne.

Über einer Stange

Luna geht seitlich über die gesamte Länge der Stange. Wenn man in den vorherigen Lektionen seitliches Weichen geübt hat, dann ist diese Übung gar nicht mehr so schwierig. Für die meisten Pferde ist es aber ungewohnt, dass die Stange unter ihnen liegt. Sie versuchen immer wieder, nach vorne wegzulaufen, lernen dann jedoch schnell, worum es geht.
Anfangs reicht ein Schritt zur Seite. Klappt das, so wird die Schrittzahl langsam erhöht. Tritt Ihr Pferd gegen oder über die Stange, dann führen Sie Ihr Pferd auf einen Kreis und fangen wieder von vorne an.

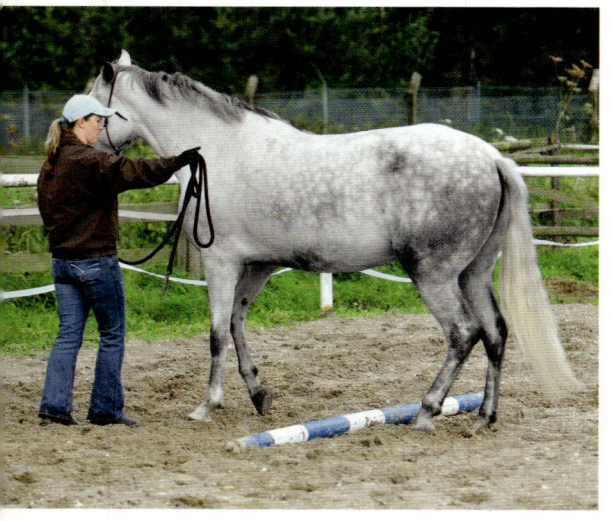

Rückwärts durch zwei Stangen

Legen Sie zwei Stangen in einem Abstand von etwa drei Metern nebeneinander. Gehen Sie mit Ihrem Pferd einmal durch diese Gasse. So kann das Pferd den Abstand besser einschätzen. Nun richten Sie Ihr Pferd so aus, dass die Stangen als Gang hinter ihm liegen.

Bleiben Sie mit Ihrem Pferd vor den Stangen stehen und schicken Sie es dann mit hin- und herschwingendem Seil aus der Distanz rückwärts durch die Gasse. Wichtig: Ihr Pferd soll gerade rückwärts gehen und darf die Stangen nicht berühren. Klappern die Hufe an das Holz, beginnen Sie erneut.

Denkpause

Hat Ihr Pferd es geschafft, bis ans Ende der Gasse zu gehen, ohne die Stangen zu berühren, dann geben Sie ihm (und Ihnen) ein paar Minuten Ruhe. Probieren Sie es danach ein weiteres Mal.

Tritt das Pferd immer wieder seitlich über die Stangen, kann sich vielleicht ein Helfer an der Seite des Pferdes positionieren und es durch leichtes Antippen mit einer Gerte dirigieren. Werden Sie nicht ungeduldig, das verunsichert Ihr Pferd.

Das Stangen-L

Stangen-Profis brauchen bald schon neue Herausforderungen.

Das Stangen-L ist eine Übung, die die Koordination des Pferdes trainiert. Hierzu brauchen Sie vier Stangen, die zu einem L gelegt werden. Nun können Sie versuchen, Ihr Pferd vorwärts oder rückwärts durch dieses L zu dirigieren, ohne dass es die Stangen berührt oder über sie hinaus tritt. Überlegen Sie sich aber vorher, ob Sie mit Ihrem Pferd zusammen durch die Stangengasse gehen oder außen an den Stangen vorbei.

Shir Khan beherrscht diese Übung schon sehr gut und zeigt auf den Fotos, dass es auch ohne Halfter und Strick funktioniert.

◄ Vorwärts und rückwärts

Gehen Sie zunächst einige Male vorwärts durch das Stangen-L, damit Ihr Pferd die Abstände einschätzen kann. Probieren Sie aus, wie breit die Stangen liegen müssen. Wenn das gut klappt, versuchen Sie es rückwärts. Beginnen Sie an einem Ende der Gasse und legen Sie Ihre Hand leicht auf den Nasenrücken des Pferdes.

WUSSTEN SIE?

▸ Das Stangen-L ist auch eine gute Übung vom Sattel aus. Es steigert die Konzentration von Pferd und Reiter. Aber bitte nicht schummeln! Immer, wenn die Stangen berührt werden, sollte man die Übung abbrechen und neu beginnen, egal ob man vorwärts oder rückwärts hindurch reitet.

Um die Ecke

Sind Sie an der ersten Ecke des Stangen-Ls angelangt, loben Sie Ihr Pferd und warten einen Moment.

Rückwärts um die Ecke zu gelangen, ohne dass das Pferd über die Stangen tritt, ist der schwierigste Teil der Übung. Achten Sie dabei immer auf die Kontrolle der Hinterhand!

Sie geben Ihrem Pferd die Richtung durch die Stellung des Kopfes vor. Das bedeutet, wenn Sie die Hinterhand rechts um die Ecke bewegen sollen, dann stellen Sie den Kopf Ihres Pferdes leicht nach links. Ihr Pferd wird den Drang haben, sich gerade hinzustellen und die Hinterhand somit langsam durch die Ecke bewegen. Legen Sie die Stangen zu Anfang breit genug!

Zum Ausgang

Nun kommt die letzte lange Seite. Gehen Sie nicht zu schnell rückwärts, sonst tritt das Pferd mit der Hinterhand über die Stangen. Schritt für Schritt, zwischendurch immer kurz anhalten und loben. Geschafft!

Longieren

Longieren hat viele positive Effekte. Es bereitet das Pferd auf die Arbeit unter dem Sattel vor, indem es seine Muskulatur kräftigt. Es steigert die Kondition und auch die Fähigkeit des Pferdes, sich zu biegen. Temperamentvolle Pferde können beim Longieren erst einmal Dampf ablassen und sind beim Reiten oft wesentlich entspannter. Pferde, die aus verschiedenen Gründen nicht geritten werden können, bleiben schonend im Training. Und nicht zuletzt ist Longieren natürlich eine sinnvolle Abwechslung zur täglichen Arbeit.

Alternative

Normalerweise dreht sich der Longenführer beim Longieren des Pferdes auf einem kleineren Kreis mit. Ich habe aber die Erfahrung gemacht, dass das nicht unbedingt notwendig ist! Probieren Sie es doch einmal aus.

Wenn Sie noch keine Übung darin haben, beim Longieren stehen zu bleiben, dann fangen Sie damit an, sich um Ihre Füße einen kleinen Kreis zu ziehen und diesen nicht zu verlassen. So sind Sie in Ihrer Bewegung schon sehr eingeschränkt und das Ziel, stehen zu bleiben, ist nicht mehr weit. Führen Sie die Longe in Bauchhöhe und übergeben Sie sie immer in die andere Hand.

Beim Longieren stehen zu bleiben stellt eine Herausforderung dar, aber schließlich soll nicht nur Ihr Pferd Neues lernen.

Auf den Zirkel

Stellen Sie sich vor Ihr Pferd, richten Sie es rückwärts und führen Sie es auf einen Zirkel. Mit der Hand, in der Sie die Longe halten, zeigen Sie in die Richtung, in die es laufen soll. Geht Ihr Pferd nicht vorwärts, touchieren Sie mit der Gerte den Boden hinter ihm. Berühren Sie es aber nicht. Anfangs drehen Sie sich auf der Stelle mit. Läuft Ihr Pferd locker im Kreis, bleiben Sie stehen. Ihr Pferd bleibt auch stehen? Dann schicken Sie es wieder los!

Richtungsweisend

Bleibt Ihr Pferd an irgendeiner Stelle auf dem Zirkel stehen, dann zeigen Sie mit dem ausgestreckten Arm wieder in die vorgegebene Richtung.
Ihr Pferd muss jetzt erst lernen, dass Ihr ausgestreckter linker bzw. rechter Arm bedeutet, dass es links- bzw. rechtsherum laufen soll. Läuft es in die falsche Richtung, dann holen Sie es zu sich zurück und beginnen von vorne. Bleiben Sie in dieser Phase im Schritt.

WUSSTEN SIE?

▶ Entscheidend bei dieser Alternative ist, dass Sie hier mehr gefordert sind als Ihr Pferd. Bleibt Ihr Pferd hinter Ihnen stehen, heben Sie den Strick oder die Longiergerte. Dabei können sie sich auch kurz zu Ihrem Pferd herumdrehen und den Boden hinter ihm touchieren.

Tempowechsel

Tempowechsel fördern die Aufmerksamkeit des Pferdes und machen das Longieren abwechslungsreicher. Außerdem lernt das Pferd, in allen Gangarten und bei den Übergängen sein Gleichgewicht zu finden bzw. zu halten. Wichtig ist, dass der Wechsel zwischen den verschiedenen Tempi weich und ruhig erfolgt. Hektisches Antraben und abruptes Abbremsen gehen auf Kosten der Gesundheit des Pferdes. Wichtig ist ein ebener und trittfester Boden. Der Longierzirkel sollte einen Durchmesser von mindestens zwölf Metern haben.

Körpersprache

Beginnen Sie immer im Schritt. Wenn Ihr Pferd gut auf dem Zirkel geht, können Sie es mit einem Tempowechsel probieren. Heben Sie dazu deutlich den Arm mit der Longe. Die Armbewegung wird bei den ersten Versuchen durch die Gerte unterstützt, die Sie hinter dem Pferd halten. Wenn Ihr Pferd gut auf ein Stimmkommando reagiert, können Sie auch dieses einsetzen.

Schneller und langsamer

Reagiert Ihr Pferd nicht auf dieses Handzeichen, touchieren Sie den Boden hinter
dem Pferd. Sobald es trabt, nehmen Sie
Ihre Longierhand herunter. Nur wenn Ihr
Pferd in den Schritt fällt, heben Sie erneut
den Arm und schütteln am Seil, bis das
Pferd antrabt.

Um vom Trab in den Schritt oder vom
Schritt zum Stehen zu gelangen, bewegen
Sie die Longe so lange hin und her (nicht
schütteln, sondern leicht schwingen), bis
das Pferd das Tempo ändert oder stehen
bleibt. Mit einem leichten Zug am Seil
holen Sie Ihr Pferd in die Mitte und loben.

Ruhephase

Als Abschluss für die unterschiedlichen
Varianten des Longierens sollten Sie ein
paar ruhige Schrittrunden machen. So kann
Ihr Pferd die neuen Eindrücke verarbeiten
und zum Abschluss der Longierarbeit ent-
spannen.

Longieren mit Hindernissen

Auch durch unterschiedliche Hindernisse auf dem Longierzirkel bringt man Abwechslung in die Longierarbeit. Dazu braucht es keine springtalentierten Pferde und nur einige Stangen oder Pylonen. Mit ein wenig Fantasie lassen sich hiermit verschiedene Varianten entwickeln.

Hindernisse verlangen ebenso wie Tempiwechsel vom Pferd mehr Konzentration als gleichmäßiges Laufen im Kreis. Das ist nicht nur für den Menschen, der in der Mitte steht langweilig, sondern auch für das Pferd. Kleine Herausforderungen spornen an und lassen das Selbstvertrauen wachsen.

Cavaletti

Bauen Sie ein Hindernis außerhalb des Longierzirkels auf und longieren Sie Ihr Pferd zwei Runden ohne das Hindernis. Gehen Sie dann zwei bis drei Schritte vor, sodass Ihr Pferd bei der nächsten Runde über das Hindernis springen muss. Nach zwei Runden gehen Sie zwei Schritte zurück und longieren wieder zwei Runden ohne Hindernis. Vergessen Sie nicht, die Hand regelmäßig zu wechseln!

Pylonen oder Blöcke

Testen Sie doch einmal, ob Sie beim Longieren die Übergänge von einer Gangart in die nächste punktgenau kontrollieren können.

Stellen Sie im Abstand von vier bis fünf Metern je eine Pylone oder einen Block auf die Zirkellinie. Sie stehen vor Ihrem Pferd und schicken es zuerst rückwärts durch die Pylonen auf einen Zirkel. Lassen Sie Ihr Pferd dann zwei Runden ruhig traben und achten bitte darauf, dass es hinter den Pylonen läuft.

Achtung: Nun soll es an der ersten Pylone vom Trab in den Schritt übergehen, zwischen den Pylonen im Schritt bleiben und an der zweiten Pylone wieder antraben. Bereiten Sie sich und Ihr Pferd rechtzeitig auf den Tempowechsel vom Trab zum Schritt vor. Schwingen Sie leicht das Seil und geben Sie das Kommando zum Schritt. Das funktioniert vermutlich nicht gleich beim ersten Mal, dann versuchen Sie es erneut. Hat es geklappt, loben Sie und lassen das Pferd bis zur nächsten Pylone im Schritt gehen. Dann bereiten Sie wieder einen Tempowechsel vor, indem Sie dieses Mal die Hand mit der Longe anheben und das Pferd zum Trab auffordern.

Diese Übung macht Spaß und beide Teilnehmer müssen sich konzentrieren.

Mit Tonne und Plane

Statt der Pylonen oder Blöcke kann man sich auch Tonnen in den Longierzirkel holen. Man kann die Tonnen hochkant stellen und die Pferde in verschiedenen Tempi durchlaufen lassen oder sie als eine Art Durchgang auf den Boden legen.

Eine Plane sorgt bei den meisten Pferden zunächst für große Aufregung. Es entspricht nicht ihrem Naturell, auf so etwas drauf zu treten, und erfordert meist viel Übung und Geduld. Hier zeigt sich, wie viel Vertrauen Sie schon aufgebaut haben.

Achtung Plane

Legen Sie eine Plane auf den Boden. Sie sollte so schwer sein, dass sie nicht flattert oder wegfliegt. Außerdem darf sie nicht zu rutschig sein oder reißen, wenn das Pferd einen Huf darauf setzt. Achten Sie darauf, damit Ihr Pferd sich nicht verletzt.
Lassen Sie Ihr Pferd die Plane in aller Ruhe begutachten und beschnuppern. Führen Sie es langsam über die Plane. Achtung: Seien Sie vorsichtig, wenn sich die Plane durch den Wind plötzlich bewegt. Ihr Pferd könnte sich erschrecken und zur Seite springen. Reden Sie mit dem Pferd, wenn es sehr aufgeregt ist.
Klappt das gut, können Sie mit dem Longieren beginnen. Es ist möglich, dass Ihr Pferd zu Anfang über die Plane springt. Das ist aber nicht weiter schlimm. Mit jeder Runde wird sie für das Pferd uninteressanter, nach einer Weile wird es dann im Schritt und im Trab völlig unbeeindruckt darüberlaufen.

Entspannung

Lassen Sie Ihr Pferd nachdenken. Holen Sie es zu sich und ruhen sich einige Minuten zusammen mit ihm aus. Sie könnten es vielleicht zwischen den Ohren kraulen. Sie werden merken, wie sich Ihr Pferd entspannt und den Kopf nach unten nimmt.

Mittendurch

Longieren mit Tonnen – auch das ist eine nette Variante.

Zwei Tonnen werden so aufgebaut, dass das Pferd beim Longieren zwischen ihnen hindurchlaufen muss. Das ist für viele Pferde zunächst sehr ungewohnt.

Machen Sie es hier wie bei den Pylonen: Das Pferd läuft zwei Runden durch die Tonnen, dann gehen Sie zwei Schritte zurück und longieren zwei Runden ohne die Tonnen. Achten Sie immer darauf, dass die Longe locker durchhängt, wobei Sie Ihren Arm etwas anheben müssen, wenn das Pferd zwischen den beiden Tonnen läuft. Wenn Sie sicher sind, dass Ihr Pferd entspannt zwischen den Tonnen hindurchgeht und auch vor der Plane keine Angst hat, kombinieren Sie beides. Die Abfolge könnte lauten: Erst zwei Runden im Schritt ohne Plane und Tonnen, dann zwei bis drei Schritte vorgehen, um durch die Tonnen und über die Plane zu longieren.

Zirkustricks

Zirkuslektionen, auch zirzensische Lektionen genannt, gehören in den Bereich der Freiheitsdressur. Bekannte Zirkuslektionen sind unter anderem Plié, Tanzen, Kompliment, Knien, Liegen, Sitzen, spanischer Schritt oder auch spektakuläres Steigen. Ich möchte an dieser Stelle aber nicht auf die Tiefen der Zirzensik eingehen, sondern einfache Übungen zeigen, die auch ohne Trainer zum Nachmachen geeignet sind. Bevor man allerdings mit Zirkuslektionen beginnt, sollte die Muskulatur des Pferdes zum Beispiel durch Longieren aufgewärmt werden.

Tanzen

Wenn sich das Pferd vor einem im Kreis bewegt, nennt man das „Tanzen". Das kann sehr wirkungsvoll sein, wenn man Freunden ein Kunststück vorführen möchte. Zu Beginn übt man diese Lektion mit Halfter und einem etwa vier Meter langen Strick. Wenn ich auf der linken Seite des Pferdes stehe, lege ich das Seil langsam und vorsichtig um seine Hinterhand, damit das Pferd nicht in Panik gerät.

Erste Schritte

Wenn Ihr Pferd gelassen stehen bleibt, schieben Sie den Kopf Ihres Pferdes mit der linken Hand leicht von sich weg und ziehen gleichzeitig mit der rechten Hand das Seil zu sich. So muss sich Ihr Pferd in einer Kreisbewegung von Ihnen wegdrehen. Beobachten Sie das Pferd und seine Reaktion, seien Sie aufmerksam.
Hat es sich einmal komplett gedreht, loben Sie es überschwänglich!

Mit Stimme

Das Drehen des Pferdes sollte von der rechten und von der linken Seite ausprobiert werden. In der Regel versucht man es jeweils drei Mal und macht dann eine längere Pause. In dem Moment, in dem man das Pferd von sich wegdreht, gibt man ein Kommando, wie zum Beispiel „Tanz". Später genügt dann eine Handbewegung und das entsprechende Kommando dazu.

Tanzen ohne Halfter

Auch „Tanzen" ist ohne Halfter und Strick möglich, es ist dann sogar besonders nett anzuschauen.

Sie arbeiten dann nur mit Handzeichen und Stimmkommandos. Aber Achtung:

Der Platz, auf dem Sie üben, muss natürlich eingezäunt sein. Wenn Sie einen Roundpen zur Verfügung haben, wäre das ideal. Hier fällt es dem Pferd automatisch leichter, in die Kreisbewegung zu kommen.

Handzeichen

Schieben Sie den Kopf Ihres Pferdes ein wenig von sich weg und geben Sie das Kommando, das Ihr Pferd bereits gelernt hat. Nun machen Sie mit der freien linken Hand eine kreisförmige Bewegung als Handzeichen für das Drehen. Später werden Sie nur noch das Kommando oder das Handzeichen brauchen.

Im Auge behalten

Sobald Ihr Pferd anfängt, sich zu drehen, müssen Sie es gut im Auge behalten. Läuft es zu weit von Ihnen weg, ist es meist besser, noch einmal ganz von vorne zu beginnen. Klappt es auch beim zweiten Mal nicht, dann sollten Sie besser eine Stufe zurückgehen und noch ein paar Mal mit Halfter und Strick üben.

Kommando wiederholen

Anfangs dürfen Sie Ihr Handzeichen nicht unterbrechen. Wiederholen Sie auch Ihr Kommandowort mehrfach.

Achten Sie ferner darauf, dass Ihr Pferd nicht zu dicht vor Ihnen steht, damit Sie beim Drehen nicht zu nah an die Hinterhand kommen. Das wäre sonst zu gefährlich. Es muss immer ausreichend Platz zwischen Ihnen und dem Pferd sein.

Sobald Ihr Pferd die Drehung fast vollendet hat und schon mit dem Kopf zu Ihnen herüberschaut, können Sie es mit einer Handbewegung zu sich locken. Schön wäre es natürlich, wenn Sie schon eine Belohnung in der Hand halten würden.

Ist die Drehung vollendet, dann loben Sie Ihr Pferd und lassen Sie es wie immer nachdenken.

Übertreiben Sie die zirzensische Lektion nicht, auch wenn das Üben meist sehr viel Spaß macht. Ihr Pferd wird sich auch dann noch an diese Lektion erinnern, wenn Sie über Wochen nicht geübt haben.

Guten Tag

„Pfötchen geben" macht auf Zuschauer immer einen großen Eindruck. Da es gar nicht schwer zu erlernen ist, ist diese Lektion wunderbar für eine kleine Vorführung zur Begrüßung von Gästen geeignet.

Das meist recht schnelle Erfolgserlebnis motiviert auch dazu, schwierigere Übungen auszuprobieren. Darüber hinaus ist dies eine gute Vorübung zum Spanischen Schritt.

Pfötchen geben

Stellen Sie sich vor Ihr Pferd und geben ihm ein Kommando, zum Beispiel „Pfötchen geben". Halten Sie die Hand so auf, als würden Sie erwarten, dass Ihr Pferd Ihnen tatsächlich sofort einen Huf reicht. Nehmen Sie dann sein Bein hoch und halten es einen Moment lang. Loben Sie das Pferd, wenn es still hält!

Klare Kommandos

Dann setzen Sie das Bein langsam wieder ab und wiederholen die Übung zunächst mit demselben Bein und dann auch mit dem anderen.

Es wird nicht lange dauern und Ihr Pferd hebt sein Bein, wenn Sie das Kommando geben oder die Hand aufhalten.

Anfangs heben die meisten Pferde das Bein nur ein wenig an, aber auch dieser kleine Schritt muss sofort gelobt werden!

Nach einigen Tagen hat Ihr Pferd verstanden, was es soll.

Meine Pferde geben auch „Pfötchen", wenn sie auf dem Podest stehen, auf der Wiese oder im Stall sind – es gibt immer Gelegenheiten, diese Lektion zu üben und vorzuführen.

Dabei unterscheiden sie genau zwischen „Pfötchen geben", Spanischem Schritt und Hufe geben, weil ich für jede einzelne Lektion an einer bestimmten Stelle stehe und unterschiedliche Handzeichen und Kommandos gebe. So gibt es wenig Verwirrung.

WUSSTEN SIE?

▶ Pferde können sehr genau zwischen verschiedenen Kommandos unterscheiden. Für meine Pferde sind die Signale ganz klar definiert:

Soll das Pferd „Guten Tag sagen", stehe ich vor dem Pferd, zeige vorne auf das Bein und das Kommando lautet „Pfötchen". Möchte ich einen Spanischen Schritt vorführen, stehe ich an der Schulter des Pferdes und tippe es dort an. Das Kommando lautet „Paso". Möchte ich dagegen nur den Huf aufnehmen, stehe ich mit dem Rücken zum Kopf des Pferdes, lege meine Hand an die Fessel und gebe das Kommando „Huf".

Spanischer Schritt

Diese Übung kommt ebenfalls aus der Freiheitsdressur und wird unter anderem in der Hohen Schule gezeigt. Spanischen Schritt, auch „Paso" genannt, zeigen Reiter und Pferd in der klassischen Dressur, im Barockreiten und natürlich in der spanischen Reitweise. Vom Boden aus kann der Spanische Schritt von jedem Pferd relativ schnell erlernt werden.

Hat das Pferd die Übung erst einmal verstanden, lässt sie sich auch vom Sattel aus leichter abrufen.

◄ Weiterentwicklung

Es gibt mehrere Möglichkeiten, dem Pferd den Spanischen Schritt beizubringen. Kann es bereits „Pfötchen geben", lässt sich diese Übung gut erweitern.

Zunächst nimmt man ein längeres, dickes und weiches Seil und legt es vorsichtig um das Fesselgelenk, sodass man beide Enden des Seils in einer Hand hält. Dann stellt man sich vor das Pferd und tippt mit der Gerte an die Schulter des Pferdes. Gleichzeitig mit einem Kommandowort hebt man langsam das Bein des Pferdes an. Nimmt das Pferd das Bein schon von selber hoch, hält man es kurz mit dem Seil fest und setzt es dann vorsichtig wieder ab. Sofort loben. Die wenigsten Pferde reagieren störrisch, wenn man mit dem Seil versucht, das Bein anzuheben. Falls doch, beginnt man ganz langsam und hebt das Bein nur wenig. Damit das Pferd später Spanischen Schritt geht, muss man bei jeder Übung seine Position an der Schulter wechseln.

Positionswechsel

Hat das Pferd begriffen, was es tun soll, reicht irgendwann ein Blick oder ein leichtes Kopfnicken und das entsprechende Kommando für die Ausführung der Lektion. Nun muss man noch daran arbeiten, dass das Bein hoch genug genommen wird.

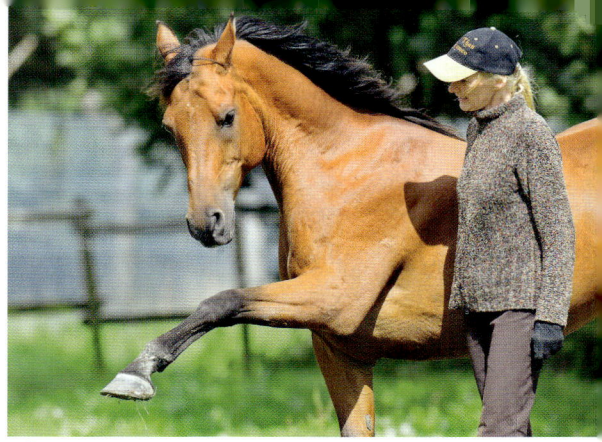

Nur ein Blick

Damit das Pferd sein Bein allmählich mehr anhebt, lobt man nur jeden guten Versuch. Manche Pferde heben das Bein gar nicht an, sondern stampfen mit dem Huf auf. Das ist natürlich nicht das, was wir haben wollen.

Sollte Ihr Pferd das Bein auch nach mehreren Versuchen nicht höher anheben, dann gehen Sie am besten einen Schritt zurück und üben noch einmal mit dem Seil um das Fesselgelenk. Zeigen Sie Ihrem Pferd, dass Sie das Bein höher haben möchten. Indem Sie das Bein weiter anheben und Ihr Pferd ausgiebig loben, stellen Sie die Verbindung zwischen hohem Bein und Paso/Loben her. Bleiben Sie geduldig und lassen Sie sich nicht aus der Ruhe bringen.

Wenn Sie Kommando und Handzeichen regelmäßig verwenden, können Sie das im Laufe der Zeit so weit reduzieren, dass Ihr Pferd am Boden auf ein Kopfnicken reagiert.

Kompliment

Das Kompliment ist eine Aufgabe für Fortgeschrittene. Am besten wäre es, wenn Sie sich das Kompliment von einem erfahrenen Trainer erklären lassen. Dennoch versuche ich, in Grundzügen zu beschreiben, wie das Kompliment erlernt werden kann.

Dabei arbeite ich ohne Hilfsseil, sondern mit einem Leckerli. Bei manchen Pferden funktioniert das sehr gut.
Das Kompliment birgt ein gewisses Verletzungsrisiko, seien Sie also bitte besonders achtsam.

Bein hoch

Eine relativ einfache Vorgehensweise ist es, das Pferd mit einem Leckerli zur „Verbeugung" zu motivieren.
Duke steht gleichmäßig auf allen vier Beinen. Auf Antippen hebt er brav das Vorderbein. Seine Besitzerin steht seitlich neben der Schulter und gibt ihm die entsprechende Anweisung.

Verbeugen

Duke kennt diese Aufgabe und senkt nun schon auf Kommando den Kopf zwischen seine Vorderbeine, wo er ein Leckerli vermutet. Dabei bewegt sich sein Bein bereits nach hinten/unten. Hierbei muss er auf sein Gleichgewicht achten und sich gut ausbalancieren. Seine Besitzerin geht ebenfalls einen Schritt zurück.

Nicht einknicken

Beim Kompliment ist es wichtig, dass das gestreckte Bein gerade ist und nicht im Karpalgelenk einknickt! Sollte das Pferd dort einknicken, muss man sofort aufhören. Die Belastung für das Gelenk ist zu groß, es könnte ernsten Schaden nehmen.

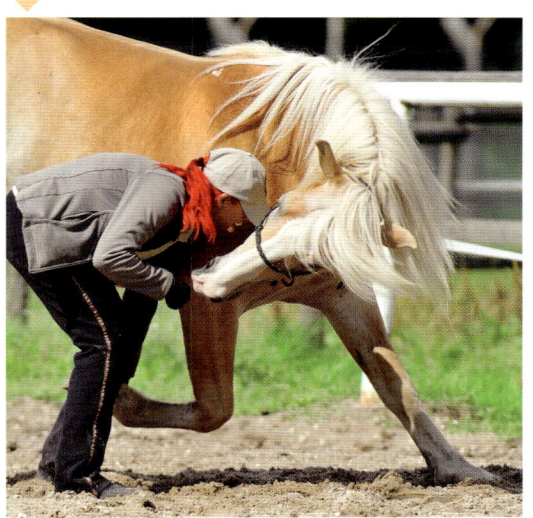

Beidseitig und maßvoll

Auch das Kompliment sollte wie alle Lektionen von beiden Seiten geübt werden. Hier ist es aber besonders wichtig, nur kurze Übungsphasen einzuplanen. Bemerkt man, dass das gestreckte Bein zu zittern beginnt, muss man sofort aufhören.

Aufstehen

Duke sollte zwar nur kurz in dieser Position bleiben, aber auch nur auf Kommando aufstehen. Daher bekommt er zunächst ein Leckerchen dafür, dass er so schön mitgemacht hat. Dann geht seine Besitzerin forsch einen Schritt nach vorne und gibt zum Beispiel das Kommando „Auf". Das reicht für heute!

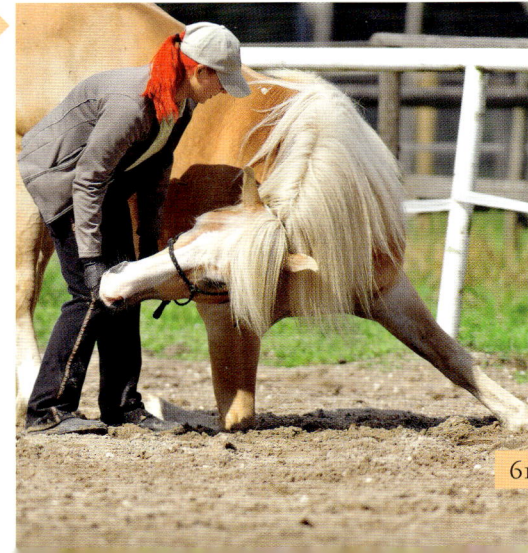

Denksport für Pferde

Tricks und Zirkuslektionen sind die reinsten Denksportaufgaben für Pferd und Reiter. Nicht alle sind aber ungefährlich.

So sollte man sich zum Beispiel mit der Lektion „Steigen" nur beschäftigen, wenn man sein Pferd genau kennt (und unter keinen Umständen, wenn man ein domi-nantes Pferd besitzt). Andere Tricks wie Decke ausziehen oder Teppich abrollen sind dagegen bedenkenlos zu erlernen und machen durchaus Eindruck bei Freunden und Bekannten.

Grundsätzlich ist es sinnvoll, sich nach einem guten Trainer umzusehen, wenn man sich für Zirkuslektionen interessiert.

Decke ausziehen

Bringt man seinem Pferd bei, sich eine Decke vom Rücken zu ziehen, sollte man sich darüber im Klaren sein, dass es dann durchaus versuchen wird, sich bei Gelegenheit die Abschwitzdecke auszuziehen. Um dieses zu vermeiden, übe ich solche Tricks nur an einer bestimmten Stelle und nur mit einer bestimmten Decke. Niemals

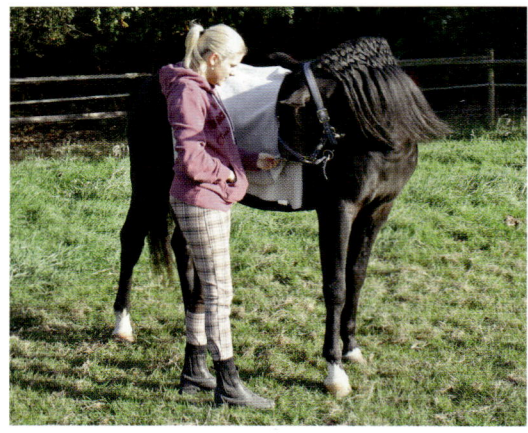

benutze ich die Abschwitz- oder Regendecke dafür, sondern eine ganz einfache alte Decke (ohne Gurte o. Ä.). Und ich übe nur im Roundpen oder auf dem Reitplatz, niemals in der Stallgasse oder in der Box. Falls Ihr Pferd schon das Apportieren kennt und Gegenstände ins Maul nimmt, haben Sie einen klaren Vorteil beim „Decke ausziehen".

Runter damit

Und so geht es: Sie legen die Decke über den Rücken Ihres Pferdes, halten einen Zipfel der Decke in der einen Hand und in der anderen Hand eine Belohnung. Dann fordern Sie Ihr Pferd auf, den Zipfel der Decke ins Maul zu nehmen (evtl. machen Sie das Deckenende Ihrem Pferd etwas „schmackhafter", indem Sie eine Apfelscheibe daran reiben. So riecht und schmeckt die Decke verlockend nach Apfel und die Pferde beißen hinein).

Das Abziehen der Decke folgt meist ganz automatisch, denn die Pferde nehmen die Decke ins Maul und drehen dann im Allgemeinen den Kopf wieder nach vorne, wodurch sie die Decke vom Rücken ziehen. Sofort loben!

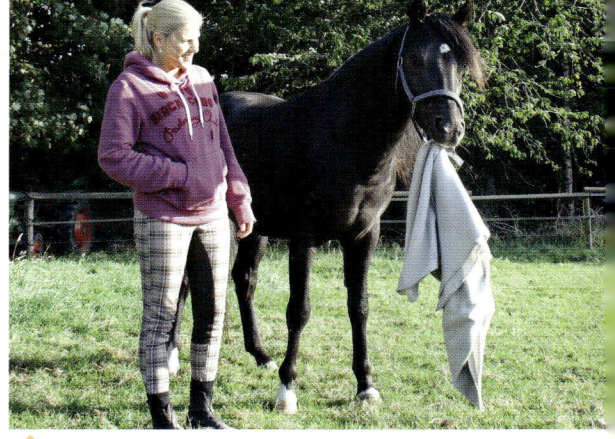

Gut gemacht

Wenn Sie das ein paar Mal versucht haben und immer die gleiche Decke dafür nehmen, wird dieser Trick sicher bei vielen Gelegenheiten vorgeführt werden.

WUSSTEN SIE?

▶ Manche Pferde sind regelrechte Showstars und lieben es, ihre Tricks vorzuführen. Dabei ist es bei den meisten Lektionen völlig unerheblich, wie alt das Pferd ist, welcher Rasse es angehört und welche Ausbildung es hat. Manche Übungen, wie zum Beispiel das Kompliment,eignen sich aber nur für gesunde Pferde.

▶ Zirkuslektionen vertiefen nicht nur Ihre Partnerschaft, sondern sind auch das reinste Intelligenztraining für Pferde. Wer weiß, vielleicht kommt auch Ihr Pferd auf eigene Ideen?

Ballspiele

Auch mit Bällen kann man Pferde wunderbar beschäftigen. Für die folgenden Übungen eignet sich ein großer Sitzball, den man zum Beispiel in Spielwarenläden oder großen Kaufhäusern bekommt. Ziel dieser Übung ist, dass das Pferd auf ein Stimmkommando gegen den Ball tritt. Wohlgemerkt: gegen den Ball, nicht darauf! Natürlich müssen Sie Ihr Pferd zunächst an diesen Ball gewöhnen.

Erst mal schnuppern

Wenn Sie ein sehr schreckhaftes Pferd haben, dann ist es gut, wenn Sie es mit Halfter und Strick an den Ball heranführen. Der Ball sollte sich erst einmal nicht bewegen (vielleicht legen Sie ihn auf einen Ring oder in eine Mulde).

Lassen Sie Ihr Pferd daran schnuppern. Jedes Mal wenn Ihr Pferd mit der Nase den Ball berührt, wird es gelobt.
Dann bewegen Sie den Ball. Seien Sie darauf gefasst, dass Ihr Pferd davonstürmen will! Bleibt es brav stehen, wird es erneut gelobt. Manche Pferde brauchen etwas Zeit, ehe sie ruhig bleiben.

Kick

Wenn sich Ihr Pferd an den Ball gewöhnt hat, gehen Sie mit ihm im Schritt auf den Ball zu (der jetzt beweglich liegen muss). Gehen Sie zügig und zielstrebig. Vielleicht tritt das Pferd sogar schon zufällig einmal gegen den Ball. Loben Sie es dann ausgiebig!

Was einmal funktioniert, funktioniert auch mehrmals. Wenn Sie das nächste Mal mit Ihrem Pferd üben, dann probieren Sie, ob es auch zwei- oder dreimal gegen den Ball tritt. Beim ersten Ballkontakt gehen Sie sofort weiter auf den Ball zu, sodass Ihr Pferd erneut dagegentreten muss.

Bei meinem Pferd funktioniert dieses Spiel inzwischen ohne Seil und Halfter. Ich rolle den Ball ein wenig und es geht von sich aus auf den Ball zu und kickt ihn, der Ball rollt weiter und es geht hinterher, kickt ihn wieder usw.

Wenn ich ihm den Ball vorsichtig in Richtung Vorderbeine spiele, kickt er auf das Kommando „Kick" den Ball zurück. Daraus kann ein schönes Spiel werden, aber achten Sie dabei immer auf Ihre eigene Sicherheit und die Ihres Pferdes.

Manche Pferde beschäftigen sich auch von ganz alleine mit einem Ball, wenn man ihnen ein Spielexemplar in den Auslauf legt.

WUSSTEN SIE?

▶ Falls Ihr Pferd wirklich Gefallen am Ballspielen findet, können Sie das auch vom Sattel ausprobieren. Reiten Sie auf den Ball zu und testen Sie, wie Ihr Pferd reagiert. Macht es mit, können Sie aus Pylonen oder einem Hindernis ein Tor bauen und versuchen, mit Ihrem Pferd in dieses Tor zu treffen. Ist es unsicher oder versteht nicht, was Sie von ihm wollen, holen Sie sich einen Helfer hinzu, der neben dem Pferd her geht und es zum Kicken auffordert.

Teppich ausrollen

Falls Ihnen und Ihrem Pferd das Spielen mit dem Ball gefallen hat, probieren Sie doch einmal die Übung „Teppich ausrollen". Dazu braucht man ein altes, nicht zu breites und zu langes Teppichstück, ein paar Leckerlis und schon kann es losgehen. Üben Sie auf einem ebenen Platz, auf dem Ihr Pferd nicht abgelenkt wird. Vermutlich wird es zu Beginn etwas verwundert über diese neue Aufgabe sein.

Stück für Stück...

In den aufgerollten Teppich legen Sie alle paar Zentimeter ein Leckerli, zum Beispiel ein Apfel- oder Möhrenstück. Beim Abrollen des Teppichs kommt also immer etwas Essbares zum Vorschein, was das Pferd ungemein motiviert.

Zunächst einmal muss man das Pferd aber zum Teppich locken. Das können Sie mit einem ersten Leckerli in der Hand tun.

...für Stück

Legen Sie das Leckerli direkt vor den Teppich. Geben Sie ein Kommando dazu, zum Beispiel „Roll". Nimmt das Pferd das Leckerli, wird es auch mit der Nase die Teppichrolle berühren. Das ist der richtige Zeitpunkt, um zu loben.

Wenn Sie nun in den Teppich in bestimmten Abständen Leckerchen stecken, wird Ihr Pferd schnell verstehen, worum es geht.

Geschafft

Nach kurzer Zeit hat das Pferd gelernt, dass in dem Teppich etwas Leckeres versteckt ist. Es schubst die Teppichrolle mit der Nase immer wieder an, um daranzukommen. Allmählich kann man dann weniger Leckerlis in den aufgerollten Teppich legen, das Pferd hat die Aufgabe begriffen. Im nächsten Schritt gibt es nur noch eine Belohnung, wenn der Teppich ganz abgerollt ist. Das Prinzip ist sehr einfach, aber wirkungsvoll. Romeo hat seinen Spaß an der Aufgabe, wie man sieht.

Manche Pferde sind nach einer gewissen Zeit so wild auf den Teppich, dass man kaum noch Zeit hat, ihn wieder aufzurollen. Sie stehen mit der Nase dicht daneben und warten ungeduldig darauf, dass sie loslegen können.

Apportieren

Eine gute Denksportaufgabe für Pferde ist das Apportieren. Allerdings ist nicht jedes Pferd für diese Übung geeignet. Hat man aber ein Pferd, das gerne Dinge ins Maul nimmt, bietet sich diese Lektion an.

Als Übungsgegenstand kann man zum Beispiel eine Frisbee-Scheibe nehmen. Diese sollte aus einem eher weichen Material (zum Beispiel Stoff) sein, damit das Pferd keine Kunststoffecken frisst.

Halten

Zuerst muss das Pferd die Frisbeescheibe ins Maul nehmen. Reibt man den Rand der Scheibe mit einem Stück Apfel ein, klappt dies recht schnell. Sofort wird das Pferd gelobt. Dies muss man nun ein wenig üben. Doch sobald ich meinem Pferd die

Scheibe hinhalten kann und es sie brav ins Maul nimmt, folgt der nächste Schritt. Ich lege die Scheibe vor mir auf den Boden, zeige darauf und gebe das Kommando „Hol". Nimmt das Pferd die Scheibe ins Maul, wird es sofort gelobt!
Jetzt ist die Basis gelegt, um aus einer größeren Entfernung zu arbeiten. Ich lege die Scheibe immer weiter vom Pferd weg, zeige wieder darauf und gebe das Stimmkommando. Mehr als einen halben Meter sollte man sich anfangs nicht entfernen. Das Apportieren funktioniert auch nicht unbedingt an einem Tag, besser ist es, sich immer nur eine Einheit vorzunehmen. Diese Übung fordert von Ihnen sehr viel Geduld, denn anfangs lassen die Pferde die Frisbee-Scheibe meist auf halbem Weg fallen oder heben die Scheibe auf und lassen sie sofort wieder los. Also muss man sie immer dazu ermuntern, die Frisbee-Scheibe lange genug festzuhalten.
Fordern Sie nicht zu viel auf einmal. Am besten schieben Sie die Übung immer wieder ein.

Bringen

Wenn ich die Frisbee-Scheibe etwas weiter vom Pferd entfernt werfen kann und es zur Scheibe läuft und sie aufnimmt, steigere ich die Lektion: Ich muss mein Pferd mit der Scheibe im Maul zu mir locken.
Man kann nun wie folgt vorgehen: Das Pferd steht neben Ihnen, Sie werfen die Scheibe ca. zwei Meter entfernt auf den Boden und sagen „Hol". Dann gehen Sie Ihrem Pferd nach. Sobald es die Nase an der Scheibe hat, sagen Sie sofort „Halt". Hat es die Scheibe im Maul, versuchen Sie, einen Schritt nach hinten zu gehen und sagen „Komm". Nehmen Sie ihm dann die Scheibe aus dem Maul und loben Sie es. Nun können Sie jedes Mal ein Stück weiter zurück gehen, bis Sie sich schließlich gar

nicht mehr von der Stelle bewegen, sondern die Frisbee-Scheibe werfen und Ihr Pferd sie Ihnen bringt.
Das alles braucht Zeit und kann sicher nicht an einem Nachmittag erlernt werden, aber wenn man es in mehreren Etappen übt und dann am Ende kombiniert, macht es auch den Pferden viel Spaß.

WUSSTEN SIE?

▶ Hebt das Pferd die Frisbee-Scheibe zwar auf, apportiert sie aber nicht, kann man diese Übung leicht variieren. Nehmen Sie ein Kissen oder bei mutigen Pferden einen Klappersack. Schüttelt das Pferd diesen hin und her, ist auch das ein effektvoller Trick.

Kleiner Exkurs: Verladen

Viele Pferde machen Schwierigkeiten beim Verladen. Das grundsätzliche Hängertraining möchte ich hier nicht beschreiben, das würde den Rahmen dieses Buches sprengen. Wenn man grundlegende Probleme mit dem Verladen hat, dann sollte man sich auf jeden Fall professionelle Hilfe holen.

Ich möchte zeigen, was man spielerisch mit seinem Pferd und dem Hänger üben kann. Viele Reiter fragen mich, wieso ich mit meinen Pferden immer wieder das Verladen übe, da sie doch so einfach auf den Hänger gehen. Aber in diesem Satz steckt auch schon die Antwort! Sie lassen sich so einfach verladen, weil wir immer wieder üben.

Am langen Strick

Viele Reiter verladen ihre Pferde, indem sie vor ihrem Pferd in den Hänger gehen und ihr Pferd folgen lassen.

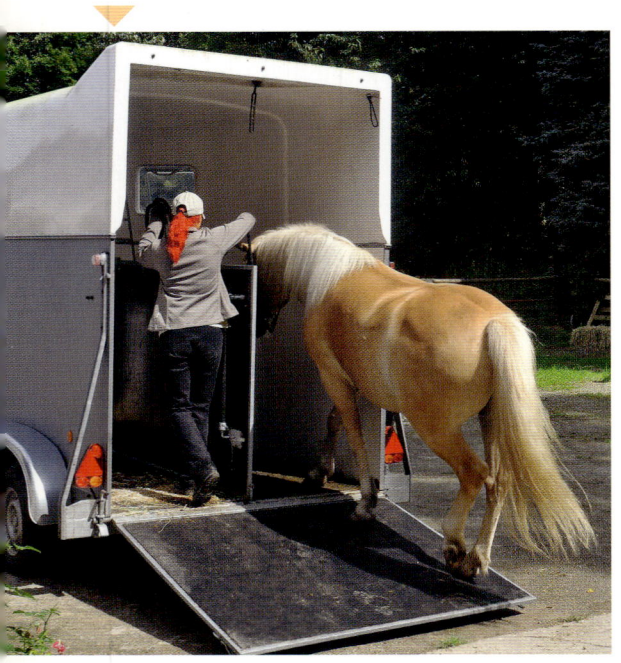

Ich persönlich halte das für riskant, da sich jedes Pferd plötzlich erschrecken kann und eventuell nach vorne stürmt und den Besitzer umrennt. Man kann das Pferd aber auch verladen, wenn man draußen stehen bleibt. Oder man geht so neben dem Pferd her, dass man die Trennwand zwischen sich und dem Pferd hat.

Benötigt wird für diese Verladeübung ein langer Strick und ein Stick oder eine Gerte, außerdem natürlich ein Hänger, der auf einem sicher umzäunten Platz steht.

Duke wird zunächst in den Hänger geführt, aber die Halterin geht auf der anderen Seite der Trennwand. So ist das Verletzungsrisiko recht gering. Will man zwei Pferde verladen, funktioniert das beim zweiten Pferd natürlich nicht mehr, da auf der anderen Seite bereits ein Pferd steht.

Deshalb ist es die sicherste Methode, wenn man sein Pferd in den Hänger schicken kann, ohne selbst mit hineinzugehen.

Bitte einsteigen

Shir Khan ist ein Profi und lässt sich ohne Strick und Halfter in den Hänger schicken. Ist die Rampe unten und die Stange herausgenommen, brauche ich ihn nur in die Richtung des Hängers zu führen und er geht hinein. Ich kann auch meine beiden Pferde am Halfter nehmen, ein Pferd rechts, ein Pferd links und gehe auf den Hänger zu, bleibe selber an der Rampe stehen und die Pferde gehen an mir vorbei in den Hänger. Es sieht einfach aus, aber es steckt viel Übung dahinter.

Achten Sie darauf, dass das Pferd sich nicht verletzen kann.

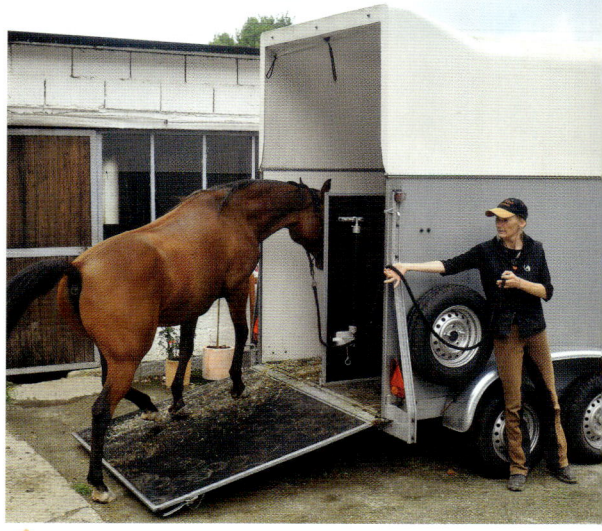

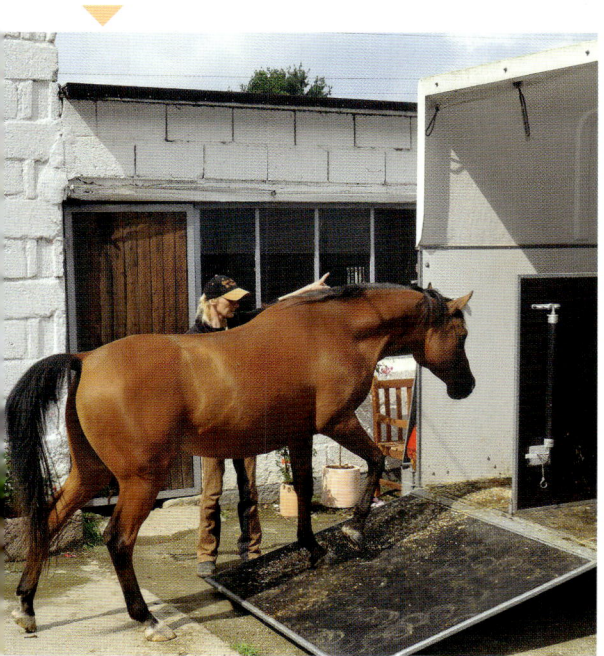

Auf Distanz

Beim Verladen stellt man sich immer weiter weg von der Rampe, sodass ein größerer Abstand zwischen Mensch, dem Hänger und dem Pferd entsteht. Bald kann man schon fast um die Ecke gehen und sich in die Nähe des Radkastens stellen. Dazu bekommt das Pferd zunächst den Befehl, in einem Halbkreis (wie beim Longieren) zur Rampe zu gehen und dann in den Hänger zu steigen.

Eine weitere Alternative wäre, sein Pferd rückwärts in den Hänger zu schicken. Natürlich wird nie mit dem Pferd gefahren, wenn es rückwärts im Hänger steht! Es ist nur eine Variante, um das Verladen mal interessanter zu gestalten.

Darf ich vorstellen? Die Akteure

Natürlich möchte ich auch die Hauptdarsteller vorstellen, denn ohne die Pferde würde dieses Buch nicht existieren. Jedes Pferd hat seine Vorlieben, Übungen die es besonders gerne macht oder besonders gut kann. So ist es auch mit meinen Pferden und ich glaube, man kann auf den Bildern erkennen, wie viel Spaß die Bodenarbeit uns allen macht. Der Trainingseffekt wird da beinahe zur Nebensache.

Luna

Luna ist eine achtjährige Andalusierstute, die mit Zirkuslektionen aufgewachsen ist. Sie beherrscht diese auf Handzeichen. Durch die Bodenarbeit hat sie einen guten Ausgleich zur klassischen Dressurarbeit.

Duke

Duke ist der typische Haflinger: manchmal etwas stur, aber ein liebenswerter Kerl mit viel Charme und Ausdruck. Der zehnjährige Wallach liebt Schrecktrainings und Abwechslung in der Bodenarbeit.

Shir Khan

Shir Khan ist ein russischer Araber. Der 17-jährige Wallach ist ein sehr sensibles Pferd und das typische Fluchttier. Trotz seiner Schreckhaftigkeit besitzt er zu mir so viel Vertrauen, dass ich ihn im Gelände gebisslos reiten kann. Er reagiert hervorragend auf Handzeichen, beherrscht viele Übungen ohne Halfter und ist das optimale Horsemanship-Pferd.

Wir beide haben schon so viel zusammen erlebt, dass wir ganz viele Geschichten erzählen könnten. Shir Khan ist mein Liebling und ein total verschmustes Pferd.

Romeo In Love

Romeo ist ein fünfjähriges Deutsches Weser-Ems-Reitpony im Endmaßtyp und ein echter Allrounder. Er liebt Zirkuslektionen und lernt sehr schnell neue Tricks. Schon als Fohlen wollte er immer mit dabei sein, wenn es was zu erlernen gab. Das ist natürlich auch etwas anstrengend, da er immer beschäftigt werden möchte. Beim Reiten ist es nun ganz ähnlich: Er lernt schnell und wird es sicher auch unter dem Reiter weit bringen. Wir wollen uns gemeinsam in der Doma Classica und beim Garrocha-Reiten versuchen.

Service

Zum Weiterlesen

Bayley, Lesley: **Trainingsbuch Bodenarbeit**;
Die Methoden und Übungen der besten
Pferdeausbilder, Kosmos 2006
Bodenarbeit fördert das Körpergefühl, dient
der Gymnastizierung und ist eine ideale Ergänzung zum Reiten. In diesem Buch sind
die Methoden der bekanntesten Ausbilder
beschrieben.

Binder, Sibylle L./Behling, Silke: **Richtiger
Umgang mit Pferden**. KOSMOS 2010
„Was denkt mein Pferd" und „Wie erziehe
ich mein Pferd" im Doppelband. Über 300
Farbfotos und prägnante, kurze Texte erklären, wie sich Pferde verhalten, wie man sie
richtig versteht und sie zu braven Partnern
erzieht.

Gohl, Christiane: **Pferde kennen und
verstehen**; Verhalten, Umgang, Reiten,
KOSMOS 2005
Das ideale Buch für Einsteiger. Fundierte,
aber unterhaltsame Antworten auf alle
Basisfragen rund ums Pferd. Mit vielen
praktischen Extra-Tipps.

Kreinberg, Peter: **Peter Kreinbergs Boden-
schule**; The Gentle Touch®-Übungen für
mehr Gelassenheit, KOSMOS 2009
Die wichtigsten Bodenarbeitsübungen
nach der The Gentle Touch®-Methode mit
Schritt-für-Schritt-Rezepten. Eine Fund-
grube für alle, die ihr Pferd einfach, effektiv
und gewaltfrei ausbilden wollen.

Metz, Gabriele: **Pferde A – Z**; KOSMOS 2009
Um die Fachbegriffe aus der Pferdesprache
verstehen und richtig benutzen zu können,
ist ein gutes Nachschlagewerk gefragt. Dieses Buch erklärt über 500 Stichworte von A
bis Z, ist aufwendig bebildert und lädt ganz
nebenbei auch zum Schmökern ein.

Metz, Gabriele: **Reiten A – Z**. KOSMOS 2010
Kompakt und kompetent erklärt dieses Lexi-
kon über 700 Begriffe rund ums Reiten:
umfassend, auf aktuellem Stand und mit
vielen Fotos.

Metz, Gabriele: **So pflege ich mein Pferd**;
Die besten Tipps für Fell, Mähne, Styling,
KOSMOS 2008
Wohlfühlpflege stärkt das Selbstvertrauen
des Pferdes und sorgt für eine harmonische
Beziehung zwischen Pferd und Reiter.
Dieses Buch zeigt Ihnen Schritt für Schritt,
worauf es beim täglichen Putzen, aber
auch beim Styling für Shows und Turniere
ankommt.

Nützliche Adressen

Deutsche Reiterliche Vereinigung (FN)
Freiherr-von-Langen-Str. 13
D – 48231 Warendorf
Tel. +49-(0)2581-63620
Fax +49-(0)2581-62144
www.fn-dokr.de

Vereinigung der Freizeitreiter und -fahrer in Deutschland (VFD)
Auf der Hohengrub 5
D – 56355 Hunzel
Tel. +49-(0)6772-9630980
Fax +49-(0)6772-9630985
www.vfdnet.de

Bundesfachverband für Reiten und Fahren in Österreich (BFV)
Geiselbergstr. 26 – 35/Top 512
A – 1110 Wien
Tel. +43-(0)1-7499261-13
Fax +43-(0)1-7499261-91
e-mail: office@fena.at
Internet: www.fena.at

Schweizerischer Verband für Pferdesport (SVPS)
Papiermühlestr. 40 H
Postfach 726
CH – 3000 Bern 22
Tel. +41-(0)31-335 43 43
Fax +41-(0)31-335 43 58
e-mail: info@fnch.ch
Internet: www.fnch.ch

FS Reit-Zentrum Reken
Frankenstr. 37
D – 48734 Reken
Tel. +49-(0)2864-2434
Fax +49-(0)2864-5860
e-mail: fs.reitzentrum@t-online.de
www.fs-reitzentrum.de

Register

Bildnachweis

125 Farbfotos wurden von Horst Streitferdt/Kosmos für dieses Buch aufgenommen.

Weitere Bilder sind von Petra Tinedo Moreno/Mönchengladbach (19: Seite 9 o.r., 9 u., 10, 11 o., 11 u., 56, 57, 62 o., 62 u., 63 o., 63 u., 64 l., 64 r., 65, 66 l., 66 r., 67, 68, 69).

Impressum

Umschlaggestaltung von eStudio Calamar unter Verwendung von vier Fotos von Horst Streitferdt/Kosmos.

Mit 144 Farbfotos

Unser gesamtes lieferbares Programm und viele weitere Informationen zu unseren Büchern, Spielen, Experimentierkästen, DVDs, Autoren und Aktivitäten finden Sie unter **www.kosmos.de**

Alle Angaben und Methoden in diesem Buch sind sorgfältig erwogen und geprüft. Sorgfalt bei der Umsetzung ist indes dennoch geboten. Verlag und Autor übernehmen keinerlei Haftung für Personen-, Sach- oder Vermögensschäden, die im Zusammenhang mit der Anwendung und Umsetzung entstehen könnten.

FSC
www.fsc.org
MIX
Papier aus verantwor-
tungsvollen Quellen
FSC® C022125

Gedruckt auf chlorfrei gebleichtem Papier

© 2010, Franckh-Kosmos Verlags-GmbH & Co. KG, Stuttgart
Alle Rechte vorbehalten
ISBN 978-3-440-11335-6
Redaktion: Birgit Bohnet
Produktion: Claudia Kupferer
Printed in Germany / Imprimé en Allemagne

KOSMOS.
Wissen aus erster Hand.

Lesley Bayley | **Trainingsbuch Bodenarbeit**
154 S., 370 Abb., €/D 24,90
ISBN 978-3-440-10415-6

Alles Gute kommt vom Boden

Bodenarbeit fördert das Körpergefühl, dient der Gymnastizierung, stärkt das Vertrauen und ist die ideale Vorbereitung und Ergänzung zum Reittraining. Dieses Buch stellt die Methoden der bekanntesten Ausbilder Schritt für Schritt vor und zeigt, wie diese individuell für jedes Pferd genutzt und kombiniert werden können.

www.kosmos.de/pferde